동행

산티아고 순례길,
프랑스길Camino Francés과
포르투갈 해안길Camino Português da Costa을 걷다

동행

산티아고 순례길,
프랑스길Camino Francés과
포르투갈 해안길Camino Português da Costa을 걷다

글·사진 진종구

어문학사

일러두기

스페인과 포르투갈 지명 등은 현지 발음과 유사하게 표기하고 원어를 병기하였다.

서문

어느 때부터인가 스페인의 산티아고 가는 길을 걷는다는 것이 현대인의 로망romance으로 변해 있었다. 편안한 삶에 안주한 사람들에게 고난의 길, 역경의 길인데도 마치 낭만이 가득한 희망의 길로 비춰지는가 보다. 산티아고 순례길은 단순히 걷기 열풍에 편승해 그냥 걸어가는 길이 아닌 영혼의 길, 신앙의 길인데도 말이다.

시중에 출간된 산티아고 관련 책들을 보면 대부분이 프랑스길 800킬로미터를 완주했다는 내용이 주류를 이룬다. 그러나 이 책은 포르투갈 해안길 280킬로미터에 대한 비교적 짧은 기록도 포함하고 있다. 삶이란 기나긴 장도를 필요로 하지만 때로는 짧은 여정을 원하기도 하기에 프랑스길과 더불어 포르투갈 해안길도 함께 걸었다. 그만큼 삶의 모습은 다양하다. 순례는 수단을 달리한 삶의 한 가닥이기 때문이다.

많은 사람들이 산티아고 가는 길을 걷고 싶어 하지만 대부분의 사람들은 일정 탓에 과감한 도전을 포기하기도 한다. 그런 면에서 이 책은 긴 구간의 프랑스길과 비교적 짧은 구간의 포르투갈 해안 길을 함께 수록함으로써 선택의 폭을 넓혔다. 모든 사람들이 전 구간을 완주하거나 반드시 프랑스길만을 걸어야만 된다는 원칙이 있는 것은 아니다.

산티아고 순례길, 즉 까미노Camino는 천년을 이어온 기독교 신앙의 상징이자 이교도들과의 투쟁을 증명하는 역사적 문화유산이다. 스페인의 중세역사는 곧 가톨릭의 역사였다 해도 틀린 말이 아니다. 그만큼 가톨릭이 스페인에 끼친 영향은 실로 지대했다. 까미노의 본질은 전 기독교도가 혼연일체가 되어 정신적 단결을 이룩함으로써 이슬람 세력을 몰아냈다는데 그 의의가 있다. 아울러 영적 정화를 도모하기 위한 고난의 길로도 의미가 있다는데 이견이 있을 수 없으리라.

까미노에서의 극심한 육체적 고통과 정신적 갈등은 영적 카타르시스Catharsis를 불러온다. 마음이 정화되고 개인의 영성이 향상되는 계기가 될 것이다. 그렇다고 해서 고통을 극복하고 산티아고 데 콤포스텔라에 도착했을 때 자신의 물질적, 정신적, 영적 문제가 해결되리라고 기대해서는 안 된다. 개개인이 사색과 묵상을 통해 걷는 과정에서 어느 정도 해답을 찾아야 하기 때문이다. 순례는 도착이 목적이 아니라 걷는 과정에 그 의미가 있다.

이 책에서는 기독교와 가톨릭을 혼용하여 사용하였다. 그리스도교Christianity는 예수 그리스도를 믿는 모든 종교를 가리킨다. 물론 기독교基督教는 그리스도교의 한자어일 뿐이다. 기독교는 가톨릭Catholic, 정교회Orthodox, 개신교Protestants, 성공회Anglican 등이 다 포함되어 있다. 원래 기독교, 즉 그리스도교는 하나였다. 그러다 가톨릭과 정교회로 분리되었고, 가톨릭에서 개신교가 분리되었다. 그러므로 기독교나 그리스도교는 동일한 용어로써 전체를 아우르는 집합명사이고, 그 하부에 가톨릭, 개신교, 정교회, 성공회 등으로 나뉜 것이다. 요즘 많은 사람들이 개신교만 기독교라고 부르고 있는데 이것은 잘못된 표현이다. 또한 에스파냐España를 영어로는 스페인Spain으로 표기하는 탓에 에스파냐와 스페인이라는 단어를 혼용하여 사용하기도 했다. 또한 마을 명칭 등 지명에 대해서는 한글 맞춤법 표기법을 지양하고 현지에서 사용하는 발음 위주로 표기하였다.

이 책은 4부로 나눠 집필했다. 1부는 산티아고 순례에 나서기 전의 상황을 기술했고, 2부는 유네스코 세계문화유산으로 지정된 프랑스길을 걸으며 경험했던 이야기 위주로 나열했으며, 3부와 4부는 어머니의 영혼과 동행하면서 갖가지 사색과 묵상을 통해 죽음, 천국, 신의 존재 등에 대해 나름 정리한 에세이다. 보이지 않는다고 존재하지 않는 것은 아니다. 그렇기에 3부 내용에서는 비록 증명할 수는 없지만 차원을 뛰어넘는 생각도 해 보았다. 또한 성모님에 대한 내용들도 정리하여 독자들의 이해를 돕고자 노력했다.

까미노 데 산티아고, 산티아고 가는 길이라는 뜻의 이 순례길에 나서자 다시 나의 가슴이 힘차게 뛰기 시작했다. 물론 베드버그에 수난을 당하는 고난도 경험했고, 극한의 고통에 걷기 힘들 때도 있었으며, 인성이 갖춰지지 않은 사람들로부터 실망감도 맛보았지만 길 위에서 만난 대부분의 사람들은 순수함과 고결함을 지니고 있었다. 그들과 동행하면서 신에 대한 회의감이 사라졌고 신앙의 깊이를 더할 수 있었다. 그러는 가운데 삶의 의미를 깨달았다. 이러한 나의 경험을 공유하고자 이 책을 집필하게 되었다. 어느 날 지치고 힘들어 쓰러졌을 때 순례길의 경험이 나 자신을 다시 일으켜 세우는 이정표가 될 것으로 확신한다.

성모 마리아는 "나의 중재를 통해, 하느님께서

나의 도움에 호소하는 이들을 위해 놀랍고 경이로운 일을 행하시도록

세상 끝날까지 이 장소에 머물겠노라."고 말씀하셨다.

차례

IV부. 여정의 피날레

I부

까미노를 준비하다

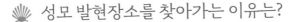
성모 발현장소를 찾아가는 이유는?

　고행을 실천에 옮기라는 마음의 울림이 있었다. 세상에 발을 디딘 모든 이들이 하느님 곁으로 떠나간다는 진리는 결코 변함이 없지만, 나에게 불현듯 다가온 어머니의 빈자리는 가슴 시린 아픔이었다.

　2018년 봄, 의식조차 가물거리던 어머니께서 병실 천정을 물끄러미 바라보며 간병하던 누나에게 "얘야! 하늘이 너무 아름답다."고 말씀하셨다. 어머니께서 누워계시던 침대 위는 그저 꽉 막힌 천정이었을 뿐인데…. 영안靈眼이 열려 당신께서 가실 천국을 미리 보시기라도 한 듯 그로부터 며칠 뒤 세상을 떠났다. 나에게 큰 나무였던 어머니의 빈자리는 가슴을 요동치게 만들었다. 마음속 깊이 남아있는 후회는 바쁘다는 핑계로 어머니를 자주 찾아뵙지 못한 것이었다. 각박한 사회에서 살아남기 위해 열심히 일하고 공부하면서 내 자리를 확실히 지켜야 했다. 직위에 걸맞는 노력에 열정까지

보태느라 정신없이 바쁜 나날을 보냈던 것이다. 그래서 그토록 막내아들의 성공을 기원하며 자주 보고 싶어 했던 어머니에게 내 얼굴을 보여주는 것조차 인색하기 짝이 없었으니 불효도 그런 불효가 없었다.

5년 전, 26년여를 다니던 직장을 그만두게 될 즈음 인생 여정의 불확실성으로 심각한 마음의 병을 얻었다. 당시 가톨릭 사제를 통해 치유의 은혜를 받고, 곧바로 산티아고 순례에 나섰다. 당시 800킬로미터의 순례길camino을 걸으며 천상의 어머니를 거의 매일 볼 수 있었다. 중세풍의 성당에 들러 기도를 드릴 때마다 성모 마리아 상像이 자애로운 눈길로 나를 바라보고 있었기 때문이었다. 산티아고 순례길El Camino de Santiago을 따라 즐비한 중세의 성당, 바로 그곳에서 천상의 어머니에게 하늘나라 어디엔가 있을 지상의 어머니를 부탁하는 기도를 드리고 싶었다. 다시 산티아고 순례 길을 걸어야 될 필연이 그렇게 존재하고 있었다.

지금부터 1천 200여 년 전 발견된 야고보 성인의 유골은 이슬람 세력과 레콩키스타(Reconquista, 국토회복전쟁)에 한창이던 가톨릭교도들에게 획기적인 전환점을 안겨주었다. 이베리아 반도의 가톨릭 왕국과 교회는 야고보의 유골을 중심으로 정신적 통합을 이뤄냈다. 시간이 흐르자 기독교도들에게 야고보 성인의 무덤을 찾아가는 여정은 예루살렘 순례를 대체하는 구원의 길로 변모하였다. 그리스도교 최대 성지였던 예루살렘이 이교도들의 수중에 떨어졌기 때문이다. 당시 순례길을 걷던 이들은 자신의 소원을 비는 청원기도는 물론 죽은 자들을 위한 기도도 드렸다. 순례는 완성이 아니라 과정에 그 목적이 있다. 순례의 노정路程에 등장하는 성당들, 그곳에 들어가 사랑하는 사람을 위한 기도를 올리며 신의 은총에 감사드리고 싶은 마음 너무도 간절했다.

삶은 선으로 그어진 길을 따라가는 여로旅路다. 시작과 끝은 곧게 뻗은 일직선상에 찍힌 두 정거장에 불과할 뿐, 시작이 처음도 아니고 끝이 마지막도 아니다. 어머니의 삶도 끝없이 이어진 길에 찍힌 두 개의 점이었을 뿐 지금은 두 번째 점을 벗어난 다른 공간에 여전히 존재하고 있을 것 아닌가. 그곳은 아마도 신과 함께 하는 천상의 세계이리라. 사랑하는 이를 잃었을 때의 고통과 상실감을 달래기 위한 어쭙잖은 핑계일지도 모른다. 그러나 최소한 나는 그렇게 믿는다. 산티아고 순례길을 나와 함께 걸어갈 어머니의 영혼에 평화가 함께 하길 기원했다.

장도長途에 오르기 전 멀쩡하던 나의 발목에 통증과 함께 부기가 찾아왔다. 병원을 다녀봤지만 뚜렷한 치료법이 없다고 했다. 군시절 점프한 뒤 착지를 잘못하여 심하게 오른쪽 발목을 접질린 적이 있었다. 그 뒤부터 기력이 떨어지거나 스트레스가 심하면 자주 발목을 접질리곤 했었다. 그때 뼈가 약간 부스러져 발목관절에 남아 있게 되었고 게다가 퇴행성관절염까지 찾아와 발목에 물이 찬다는 것이었다. 수차례 주사기로 발목의 물을 **빼낸** 터라 걷는 것에 두려움마저 느꼈지만 무사히 여정을 마칠 수 있다는 자신감이 있었다, 까미노는 뭔가 다른 신비함이 깃든 길이었기에. 까미노(Camino, 길)는 내게 어머니를 잃은 아픔을 치유해 주는, 고통 속에서 행복을 느끼게 만드는, 신과의 대화에 초대하는 진정한 순례길이었다.

이번 나의 산티아고 여정은 4번째 도전이었다. 여느 때와 달리 이번 순례는 프랑스길 800킬로미터를 완주한 다음, 파티마Patima의 성모발현 성당에서 어머니를 위한 기도를 시작으로 산티아고 가는 포르투갈 해안길Camino Português da Costa을 다시 걸어가는 조금 특별한 일정이었다. 물론 앞서 걷게 될 프랑스길에서도 어머니의 영혼을 위한 기도를 하겠지만, 포르투갈길에서 이 기도의 여정을 끝내야만 내 영혼이 진정한 자유를 찾을 수 있을 것 같았기 때문이다. 파티마는 천상의 어머니가 발현한 곳이고, 바로 그곳에서 천상의 어머니에게 지상의 어머니를 부탁하고 싶어서 였다.

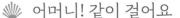 어머니! 같이 걸어요

항상 그 곳에 있을 것 같았던 어머니의 자리가 텅 비었다는 생각은, 마음의 평화와 삶의 자유를 찾아야 된다는 나의 결심을 실행에 옮기는 계기가 되었다. 평생을 희생으로 일관하신 어머니를 위한 기도는 나의 의무이자 책임일 것이라는 생각이 들었다. 천상의 어머니이신 성모 마리아에게 돌아가신 어머니를 부탁하는 순례가 필요했다. 그래서 성모 마리아께서 발현하신 포르투갈의 작은 마을 『파티마』에서 어머니의 영혼을 위한 기도를 드리는 것으로 포르투갈 해안길의 순례를 시작하기로 결심했다. 거추장스런 형식의 옷을 벗어던지자 삶의 무게를 내려놓은 듯 홀가분한 기분마저 들었다. 교수직을 사퇴한 두 번째 은퇴! 나에게 다시 자유가 주어졌다.

길이 신비로운 이유는 주변 경치가 아름다워서가 아니라 그곳을 걸어간 사람들의 사연이 켜켜이 쌓여있기 때문이다. 이미 세 번이나 그 길을 걸었지만 그때마다 사람들의 땀 냄새와 대화의 숨결

동행

이 새롭게 내 가슴에 차곡차곡 쌓여갔었다. 고통스러운 큰 배낭을 짊어지고도 환한 미소로 가득했던 순례자의 표정을 잊을 수 없었다. 바쁜 일과에 찌들어 살던 어느 날 갑자기 내 인생을 변화시킬 새로운 전환점이 있으면 좋겠다는 생각을 했다. 그러나 삶의 갖가지 이유들이 인생행로를 변경하지 못하게 방해하곤 했었다.

　나의 어머니는 자녀를 위한 삶을 살아왔다. 어머니는 자신의 삶의 목표는 등한시 한 채 자녀, 그중에서도 막내아들의 성공을 지상 최고의 행복으로 삼아왔다. 5년여 전 공직을 그만 뒀을 때 어머니의 걱정은 이만저만이 아니었다. 그 뒤 내가 대학에 발을 들여놓은 후에야 어머니께서는 안도하셨다. 그 후에도 어머니는 오로지 아들의 성공만을 기원하셨다. 어느 날 어머니께서는 병석에 눕고 말았다. 때맞춰 어머니의 염원에 부응하여 쾌유를 바라기라도 한 듯 나는 교수가 된 지 2년 9개월여 만에 부총장이 되었다. 총장이 대학의 주인이기에 부총장이라는 직책은 봉급쟁이로서는 최고의 영예였다. 어머니께서 그 소식을 듣고 얼마나 좋아하셨는지는 나중에야 병간호를 하던 누나의 말을 들어 알게 되었다. 아들의 출세가 자신의 쾌유보다 더 가치 있다고 여겼던 어머니셨다. 어머니께서 임종하시기 전 병실을 찾았다. 그때 의식조차 없던 어머니께서 나의 병문안을 알아채신 것 같았다. 조용히 누워계시던 어머니가 갑자기 큰 소리로 병실 안의 환자들을 향해 소리쳤다.

"여보시오, 여보시오. 내 아들이오. 내 뱃속에서 어떻게 이런 훌륭한 아들이 태어났는지 모르겠소."

그리고는 이내 무의식의 세계로 빠져 들었다. 부총장이 된 아들이 너무 자랑스러웠던 게다. 슬며시 병실을 빠져나와 화장실에서 남몰래 눈물을 훔쳤다. 그 뒤 어머니는 돌아가셨다. 자신의 행복은 뒤로 미뤄둔 채 오로지 자식의 행복만을 바라셨던 어머니! 어머니 자신의 행복도 추구했으면 더 좋았을 텐데…. 어머니께서 돌아가신 후 2달여 만에 나는 부총장직은 물론 교수직까지 미련 없이 내려놓았다. 아마도 어머니께서 살아계셨으면 그러하지 못했을 것이다. 자녀가 성공해야 한다는 어머니의 행복 기준을 차마 깨뜨릴 수 없었기에. 하지만 어머니께서 저 세상으로 떠나신 후 나는 어머니의 영정 사진을 배낭 안에 곱게 모시고 순례길에 나섰다. 이제 어머니는 프랑스 생장피드포르에서 에스파냐의 산티아고에 이르는 프랑스길 800여 킬로미터와 포르투갈 해안길 280여 킬로미터를 나와 함께 걸어갈 것이다.

프랑스길과 포르투갈길을 동시에 걷기로 한 이유는 살아생전 지은 어머니의 죄를 완전히 속죄 받을 수 있을 것이라는 믿음 때문이었다. 1189년 교황 알렉산더 3세는 에스파냐의 '산티아고 데 콤포스텔라'를 로마, 예루살렘과 동일한 가톨릭의 3대 성지로 선포했다. 그리고 칙령을 발표하여 산티아고 성인의 축일인 7월 25일이 일요일과 겹치는 해, 즉 성스러운 해에 산티아고 데 콤포스텔라를 순례한 자는 그 동안 지은 죄를 완전히 속죄 받고, 다른 해에 도착한 순례자는 지은 죄의 절반을 속죄 받을 수 있다는 대사大赦를 선언하게 되었다. 이러한 교황의 칙령에 근거하여 순례길을 두 번 걸으면 어머니의 죄를 완전히 속죄 받을 수 있을 것이라는 생각이 들었다. 걷기는 내가 걷지만 영정 사진으로나마 나와 함께 걸은 어머니의 죄를 완전히 속죄 받을 수 있을 것이라는 믿음이 들어서였다. 물론 자신이 지은 죄만큼 속죄를 해야 된다는 보속補贖은 나의 기도로 대신하고자 했다.

나의 까미노 여정은 이처럼 어머니와의 동행이라는 전제하에 시작되었다. 평생 단 한 번도 해외여행을 해 본 적이 없는 어머니, 해외여행을 시켜 드리고 싶어도 허리가 아파 오랫동안 앉아 있을 수 없었기에 해외로 보내드릴 수 없었던 어머니셨다. 어머니께서는 가장 사랑했던 막내아들과 함께 미지의 땅 에스파냐와 포르투갈의 아름다운 풍경과 교회의 장엄함을 영혼으로나마 경험하고 체험하며 걸어가리라. 최소한 그렇게 믿으며 순례길을 걸어갈 것이다.

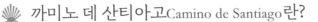# 까미노 데 산티아고Camino de Santiago란?

에스파냐(España, 영어로는 스페인Spain이라 부른다)에는 종교적으로 중요한 의미를 지닌 순례길이 있다. 중세풍의 향취가 물씬 풍기는 이 길은 아름다울 뿐만 아니라 영적으로도 자신을 돌아볼 수 있게 해 주기 때문에 누구나 한 번쯤은 걷고 싶어 하는 길이다. 종교가 곧 구원이자 생명이던 중세시대, 수많은 순례자들이 목숨을 건 모험이나 다름없던 험난한 길을 두 발에 의존한 채 걸어갔다. 무려 천 년의 시간이 오롯이 녹아든 이 길을 산티아고 가는 길이라는 뜻으로 '까미노 데 산티아고Camino de Santiago'라 부른다. 요즘은 이 길을 통상 까미노Camino라 줄여 부르기도 한다. 예수의 열두 제자 중 제일 먼저 순교한 야고보 성인의 무덤을 찾아가는 까미노는 이제 종교적 의미를 초월하여 인생의 목표를 찾아가는 희망의 길로도 이용된다.

산티아고Santiago는 에스파냐어로 성聖스러움을 의미하는 산토

Santo에 야고보의 에스파냐식 이름인 이아고Iago가 합해진 단어로 「성 야고보」라는 뜻이다. 사도 요한의 형제인 야고보는 세상 끝까지 가서 복음을 전파하라는 예수의 말씀에 따라 지금의 에스파냐로 전도여행을 떠났으나 그리 성공적인 전도를 하지는 못했다. 7년간에 걸친 에스파냐의 전도 활동을 마감하고 예루살렘으로 되돌아온 성 야고보는 서기 44년 유대왕 헤로데 아그리파 1세에 의해 참수형에 처해졌다.

그즈음 헤로데 임금이 교회에 속한 몇몇 사람을 해치려고 손을 뻗쳤다. 그는 먼저 요한의 형 야고보를 칼로 쳐 죽이게 하고서.(사도 12, 1-2)

예수 그리스도의 열두 제자 중 순교내용이 성경에 기록된 유일한 사도가 바로 성 야고보(santiago,영어/Saint James, 프랑스어/Saint Jacques)였다. 야고보 성인의 제자들은 그의 시신을 거둬 배를 타고 성인이 복음을 전파했던 에스파냐로 향했다. 그리고 해안에 접한 갈리시아 지방의 알려지지 않은 곳에 묘지를 썼다. 그 후 고트족의 침입, 서로마의 멸망 그리고 이슬람 세력의 점령과 같은 혼란 속에서 그의 무덤은 이내 사람들의 기억에서 아스라이 잊혀 진 채 수백 년의 세월이 흘러갔다.

이슬람의 예언자 무함마드는 서기 570년 태어나 15년의 명상 수행 끝에 서기 610년 알라신의 계시를 받아 이슬람교를 창시하게 된다. 아라비아의 이슬람 세력은 점차 북아프리카의 모리타니아Mauritania까지 진출하였다. 아프리카 북서부는 척박하였다. 하지만 폭 14㎞에 불과한 지브롤터 해협을 건너면 지중해성 기후로 살기 좋은 이베리아 반도가 있었다. 북아프리카의 이슬람 세력은 이베리아 반도의 서고트 왕국에서 반란이 일어난 틈을 타 서기 711년 지브롤터 해협을 건너 불과 7년여 만에 최북단의 험준한 아스투리아스 산악지형을 제외한 이베리아 반도의 대부분을 차지해 버렸다. 이때부터 이슬람 세력이 정복하지 못했던 아스투리아스 지역을 중심으로 780여 년에 걸친 이슬람 세력과의 국토회복전쟁, 즉 레콩키스타Reconquista가 시작되었다.

서기 813년 어느 캄캄한 밤, 은둔수도자 펠라요Pelayo는 찬란히 빛나는 별빛의 인도를 받아 성 야고보Santiago의 유해가 묻힌 장소를 발견했다. 그는 초자연적 현상의 계시에 경외심을 느끼고 테오도미르Teodomir 주교에게 이러한 사실을 알렸다. 발견된 무덤은 성 야고보와 그의 두 제자의 유해가 안치된 세 개의 관이었다. 산티아고의 유골이 발견된 곳을 별빛의 들판이라는 의미로 '캄푸스 스텔라Campus stellae'라고 부르다가 나중에 콤포스텔라Compostela로 합성하게 되었다. 지금은 '별빛의 들판에 있던 성 야고보'라는 의미로 '산티아고 데 콤포스텔라Santiago de Compostela'라는 지명으로 불려진다. 산티아고 데 콤포스텔라는 줄여서 산티아고로 부르기도 한다. 이제 '산티아고'는 성 야고보의 이름이자 도시의 지명으로 굳어져 버렸다. 하기야 남미에 있는 칠레의 수도가 산티아고이기도 하니 얼마나 산티아고가 유명해 졌는가!

야고보 성인의 무덤을 발견한 이후인 서기 844년 아스투리아스 왕국의 명운을 건 이슬람 세력과의 전투가 있었다. 끌라비호Clavijo 전투로 알려진 이 격전에 야고보 성인이 백마를 타고 발현한 것이다. 이를 목격한 기독교도는 야고보 성인의 이름을 부르며 결사 항전을 벌여 결국 승리를 거머쥐었다. 야고보 성인, 즉 산티아고의 발현은 별이 빛나는 평야에서 발견된 무덤이 성 야고보의 무덤임을 확신하게 만드는 계기가 되었을 뿐만 아니라 이슬람 세력에 대항하기 위한 신앙의 구심점으로 작용하게 되었다. 야고보 성인의 전도 활동이 그의 사후 800년이 흐른 뒤에야 에스파냐에서 강력한 효력을 발휘하게 된 것이다.

이때부터 가톨릭에서는 에스파냐 북부 지역 신도들의 개종을 막기 위해 산티아고 순례를 장려하기 시작했다. 중세에는 죄악에 물든 육체가 고행을 통해 영혼을 깨끗이 정화할 수 있다고 믿었다. 그래서 순례가 유행하던 시기였다. 서기 1071년 이슬람교도인 셀주크튀르크에 의해 예루살렘이 점령되자 순례의 방향이 산티아고로 변했다. 물론 1099년 제1차 십자군 원정단이 예루살렘을 탈환하였으나 원정이 끝나자마자 대부분의 병사들이 귀국해 버림으로써 예루살렘 순례 길은 위험천만하기 그지없었다. 그마저도 예루살렘 탈환 88년 만인 1187년 이슬람 술탄 살라딘Saladin에게 예루살렘을 다시 빼앗긴다. 그 후 무려 700년간 예루살렘은 이슬람 세력의 지배를 받게 된다. 이러한 이유로 유럽인들은 위험하고 먼 예루살렘보다 비교적 안전한 산티아고로의 순례를 선호하게 되었다. 그리하여 11세기부터 15세기까지 산티아고 순례길은 최고의 전성기를 누리게 된다.

산티아고 가는 길Caminos은 너무도 많지만 그 중 대표적인 길은 4곳이다. 하나는 프랑스 생장피드포르에서 시작하여 800km를 걸어가는 프랑스길Camino Francés, 에스파냐의 수도 마드리드에서 시작되는 은의 길Vía de la Plata, 에스파냐 북쪽을 따라가는 북부길Camino del Norte, 마지막으로 포르투갈에서 시작하여 에스파냐 산티아고에 이르는 포르투갈길Camino Português로 나눠진다. 나는 먼저 유네스코 세계문화유산으로 지정되어 가장 유명세를 타고 있는 프랑스길 800km을 걸은 다음, 포르투갈 해안길 280km를 걸어갔다. 포르투갈길은 내륙중앙길과 해안길로 나눠진다. 그 중 순례자가 거의 없는 해안길을 걷기로 했다. 돌아가신 어머니께서 바다를 더 좋아하시리라는 확신 때문에.

🐚 마음의 평화를 찾아 떠나다

배낭에 쑤셔 넣은 짐을 쏟아냈다 넣었다를 수차례 반복하자 보다 못한 아내가 내 배낭을 정리해 준다. 벌써 4번이나 산티아고 순례길을 걸었던 아내가 모든 면에서 나보다 훨씬 잘 안다. 50리터 배낭에 이것저것 넣다보니 무게가 10킬로그램에 육박했다. 까미노를 걷는 동안 대부분의 사람들이 배낭 무게의 중력 때문에 고생한다. 드디어 짐은 다 꾸렸고 이제 비행기 티켓과 열차표를 꼼꼼히 챙긴 다음 여정에 돌입할 일만 남았다.

10월의 어느 쾌청한 날, 파리 몽빠르나스역 플랫폼에서 바욘 Bayonne행 기차에 몸을 싣는 나 자신을 발견했다. 기차 안으로 걸어오는 화사한 붉은 옷의 두 여인이 유독 눈에 띈다. 어머니와 함께 산티아고 가는 길을 걸어갈 은정이와 그녀의 어머니다. 나는 어머니의 영정 사진을, 은정이는 살아계신 어머니를 모시고 순례길을 걸어갈 우연치 않은 만남은 우리 사이를 더욱 각별하게 만들었다.

그래서인지 우리들의 인연은 까미노 전 구간에 걸쳐 지속된다. 바욘역에 내리자마자 대합실에서 역무원들이 생장피드포르Saint Jean Pied de Port행 열차표를 끊어준다. 걱정할 필요 없이 그냥 표를 사면 된다. 다시 플랫폼으로 들어가 두 칸짜리 조그마한 기차로 갈아타고 앞을 향해 나아갔다. 프랑스길 순례의 시작점인 생장피드포르까지 가는 기차는 우리나라의 옛 비둘기호 열차와 같이 느릿느릿 달려간다. 속도의 경쟁에 찌든 나는 느리게 가는 열차가 더욱 정겹게 느껴졌다.

생장피드포르 간이역을 빠져나온 사람들은 너나 할 것 없이 순례자협회 사무실을 찾아간다. 길을 물을 필요도 없이 앞의 사람을 따라가기만 하면 되니 편하기 그지없다. 그곳에서 크레덴시알Credencial이라 부르는 순례자 여권을 발급받고 조개껍질을 찾아 배낭에 매달았다. 순례 기간 내내 순례자 여권이 있어야만 알베르게Albergue라 부르는 순례자 숙소에 머물 수 있을뿐더러 순례증서를 발급 받을 때에도 모든 코스를 걸었다는 증거물이 된다. 그래서 순례자 여권, 즉 크레덴시알에는 자신이 걷는 마을의 성당, 바, 숙소 등지에서 하루에 하나 이상 스탬프 도장을 받아야 한다. 조가비는 산티아고 성당까지 걸어가는 순례자의 상징이다. 산티아고성 야고보의 유해를 실은 배에 조개가 다닥다닥 붙어 있었다는 데서 유래되었다고 한다. 이제 크레덴시알을 발급받고 조가비까지 배낭에 매달았으니 나도 진정한 순례자가 되었다.

생장피드포르에서 가장 인기 있다는 시립 알베르게를 찾아갔다. 일찍 도착한 덕분에 은정 모녀와 내가 가장 먼저 문 앞에 배낭을 내려놓고 문이 열리기를 기다렸다. 우리 배낭 뒤로 순서를 기다리는 배낭들이 줄줄이 놓여졌다. 그게 화근이었을까? 창문 옆 가장 좋은 침대의 1층 자리를 선점한 나는 입가에 미소를 지었지만 밤이 되어서는 그 미소가 찡그림으로 변할 줄이야. 한밤중 목과 팔 주위의 극심한 가려움증 때문에 잠에서 깼다. 빈대와 벼룩 같은 베드버그bedbug의 전천후 공습이 시작된 것이었다. '하필이면 왜 나야?' 하는 짜증으로 몸을 바짝 웅크렸지만 도무지 베드버그의 공습이 그칠 기미를 보이지 않았다. 잠을 이루지 못해 밖으로 나가 침낭을 이리저리 살펴보는데 침낭 끝자락에 좁쌀 같은 회색 물체가 보였다. 베드버그였다. 잡아서 죽이고는 침낭을 힘차게 탈탈 털었다. 목과 팔에는 베드버그로 인해 생긴 붉은 반점이 여기저기에 돋아 있었다. 달밤에 쇼를 하는 동안 67세의 교포여성 영휄리는 내 곁에 있어주며 함께 고통을 나누었다. 순례를 시작하기도 전에 열린 마음으로 나를 배려해 준 고마운 분이었다. 그뿐만이 아니다. 아침이 되자 모든 사람들이 자리에서 일어났다. 그때 순례 여정에서 처음 만난 박광집안드레아 형제가 자신의 약품 상자를 열어 가려움증에 붙이는 패드를 아낌없이 나의 몸에 붙여줬다. 얼마의 시간이 지나자 신기한 듯 가려움증이 가라앉는 것 아닌가. 몸이 정상을 되찾은 이유는 약효가 좋아서도 그렇겠지만 밤을 같이 새워준 영휠리와 안드레아 형제 같은 사람들의 따뜻한 마음이 작용했기 때문이리라. 어젯밤 고작 두 시간밖에 자지 못했지만 이러한 사람들의 배려로 피레네산맥을 넘어갈 의욕이 생겼다.

지금부터 나는 어머니의 영정 사진과 까미노를 동행할 것이다. 어머니의 영혼을 위한 기도를 끝내고 되돌아 갈 즈음 내 마음은 평화를 되찾으리라. 반드시 그렇게 되리라 믿으며 순례의 첫발을 내딛는다.

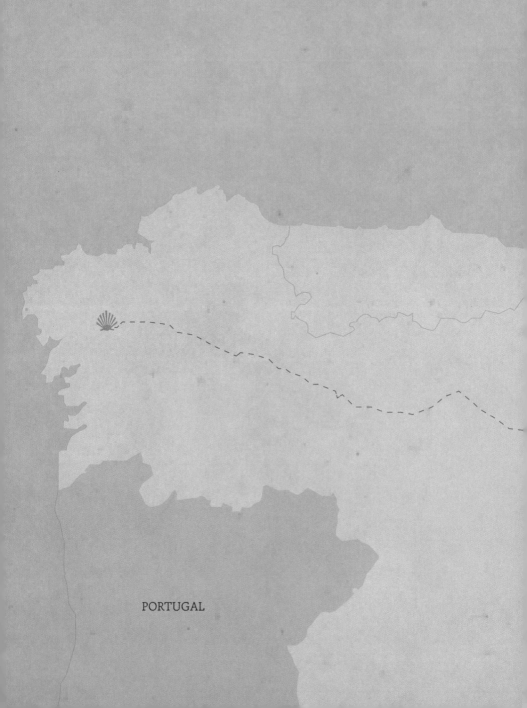

PORTUGAL

II부

프랑스길(Camino de Francés)
여정을 시작하다

FRANCE

SPAIN

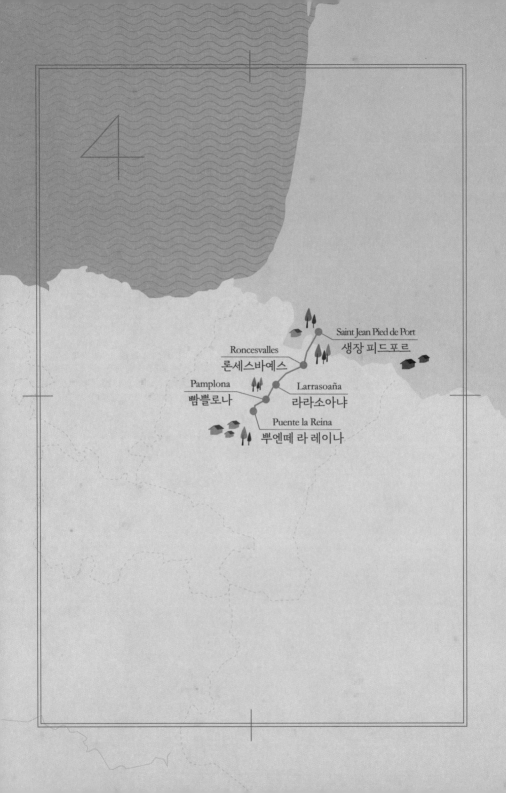

Saint Jean Pied de Port
생장 피드포르

Roncesvalles
론세스바예스

Pamplona
빰쁠로나

Larrasoaña
라라소아냐

Puente la Reina
뿌엔떼 라 레이나

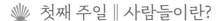

🐚 첫째 주일 ‖ 사람들이란?

| 열린 마음이 가장 아름답다 |

Saint Jean Pied de Port → Roncesvalles

위대한 대자연의 아름다움에 저절로 머리가 숙여졌다. 피레네 산맥의 낮은 산들을 뒤덮고 있는 하얀 운해를 위에서 내려다보는 쾌감을 맛보며 걷고 또 걸었지만, 고개를 들어 바라보면 산을 휘감아 돌아가는 순례길만 있을 뿐 아직도 정상은 멀었다. '이제 정상이겠지' 하고 힘든 고개를 넘어서면 또 다시 펼쳐지는 고개들! 능선을 따라가는 이 길은 주변이 탁 트여 있다. 걸어가기는 힘이 들지만 주변을 관찰할 수 있어 아름답고 장엄한 풍경은 놓치지 않았다. 나폴레옹이 에스파냐(España, 영어/Spain)를 침공할 때 이곳 능선 길을 택한 것은 적의 기습공격을 피하기 위해서였을 것이라는 생각이 들었다. 그래서 이 코스를 나폴레옹 루트라 부른다. 아마도 나폴레옹은

피레네 산정의 구름 위를 산책하듯

샤를 대제大帝의 실수를 교훈삼아 이곳을 택한 것이 아닌가 싶다.

　샤를마뉴Charlemagne가 스페인의 사라고사 왕국을 정벌하러 출
병했을 때 이곳이 아닌 계곡의 깊숙한 길을 택했다. 계곡 길은 힘
들이지 않고 낮은 곳을 따라 은밀하게 침공할 수는 있지만 적의 기
습을 받을 수도 있는 코스였다. 결국 귀환하는 길에 론세스바예스
의 좁은 길목에서 기습 공격을 받아 롤랑이 이끄는 후위대가 전멸
하는 참사를 빚었다. 이로 인해 중세 기사문학 작품 중 가장 오래
된 서사시 '롤랑의 노래'가 탄생된다. 샤를Charle 대제를 이곳에서는
까를로스Carlos라 부르고 있으니 계곡을 따라가는 길을 발까를로스
ValCarlos 루트라 칭한다. 눈이 오거나 비바람이 심한 날에는 나폴레

옹 루트 대신 발까를로스 길을 따라 피레네산맥을 넘기도 한다.

나폴레옹 루트는 프랑스길 전체 여정 중 가장 힘든 곳이다. 어젯밤 베드버그에 물려 잠을 두 시간밖에 자지 않은 탓에 피로감이 가중되었다. 은정모녀는 피레네의 성모상 앞에 이르러 잠시 발길을 멈췄지만 성모상 앞까지 걸어갈 힘조차 남아있지 않던 나는 길옆 풀밭에 힘없이 쓰러져 버렸다. 게다가 오리손 알베르게의 바bar를 그냥 지나쳐 버렸던 탓에 먹을 것도 없었고 물조차 남아있지 않았다. 거의 탈진한 상태에서 더 이상 걷기가 무리라는 생각에 머릿속까지 하얘졌다. 그때였다. 한 젊은 여성이 나를 보더니 길에서 벗어나 풀밭에 쓰러져 있는 나에게로 다가오는 것이다. 그녀는 배낭을 풀어 반쯤 먹다 남긴 비스킷biscuit과 음료수 한 병을 건넨다. 괜찮다는 손사래에도 불구하고 그녀는 거의 반강제로 내 손에 비스킷과 음료수를 쥐어주고 걱정스런 표정을 지으며 가던 길을 걸어갔다. 비스킷과 음료수를 은정모녀와 나눠 먹은 뒤 가까스로 일어났다. 그녀의 물질적 배려보다 그녀의 열린 마음이 너무 아름다웠다. 여성의 표면적 아름다움은 나이가 듦에 따라 비슷비슷해진다. 나이 든 이후에는 내면적으로 아름다운 사람이 최고 아름다운 여성이 아니겠는가! 피레네산맥의 경이로움보다 그녀의 내면적 아름다움이 더 가치를 발하고 있었다.

롤랑의 샘에 이르러 목을 축였다. 서기 778년 8월 15일, 샤를마뉴가 롤랑을 후위대의 책임자로 지정한 뒤 피레네산맥을 넘어 프랑스로 귀환하던 중 롤랑은 본대의 안전을 위해 기습해오는 적과 맞서 싸우다 장렬히 전사했다. 적의 기습을 알리는 뿔 나팔 소리를 듣고 군대를 되돌린 샤를 대제는 참혹한 죽음의 현장을 보았을 뿐 적은 이미 온데간데없이 산으로 숨어버린 뒤였다. 그로부터 300년 뒤 롤랑의 죽음은 이슬람교도인 무슬림들과 싸우는 영웅적인 희생자로 승화되어 롤랑의 노래La Chanson de Roland라는 서사시로 재탄생된다. 이 한 편의 문학작품은 십자군 운동과 맥락을 같이하는 시대적 조류에 편승하여 유럽 전역으로 퍼져나가 세계사에 결정적 영향을 끼친다. 롤랑을 비롯한 기사들은 본대의 생명을 구하기 위해

산타마리아 성당의 미사

자신들을 희생했다. 기독교도에게 가장 멋진 구원은 바로 자신을 희생하여 남을 구하는 고귀한 희생sacrifice을 담보로 한다. 귓전을 스치는 바람소리가 롤랑의 뿔 나팔 소리처럼 애처롭게 흘러간다.

내려가는 길은 너무도 가파르다. 겨우겨우 비탈진 산길을 내려가 론세스바예스의 알베르게(Albergue, 순례자 숙소)에 도착했다. 그곳에는 먼저 도착한 영휠리가 음식을 해 놓고 우리를 기다리고 있었다. 다른 순례자들은 대부분 카페테리아에서 순례자 메뉴를 시켜 먹는데 반해 우리는 한국식 음식을 직접 요리해 먹었다. 그 뒤에도 영휠리와 은정엄마는 우리가 같은 알베르게에 묵게 되면 어김없이 저녁 식사를 준비했다. 물론 식재료는 공동으로 구매했지만 음식조리가 어디 쉬운 일인가. 두 여성도 자신보다 남을 배려하는 열린 마음을 지니고 있었다. 물론 설거지는 내 담당이었다. 까미노에서 가장 중요한 것은 장거리를 버텨낼 체력과 모든 사람들을 포용하는 열린 마음이다. 열린 마음이 없다면 800km를 걷는 동안 홀로 외로움과 싸워야 할 것이다. 까미노는 그만큼 길고 험난하며, 수없이 많은 사람들을 만나고 또 만나는 곳이기 때문이다.

알베르게 옆 산타마리아 성당에서는 800여 년 동안 순례자를 위한 미사가 끊임없이 진행되어 왔다. 그날 밤 8시 사제 네 명이 서로를 배려하며 미사를 진행하는 경건함의 극치를 직접 참관할 수 있었다. "주여! 이 밤이 우리의 피로를 걷어가게 하시고 지상의 모든 더러움을 덮게 하소서." 미사를 마친 뒤 알베르게의 2층 침대로 올라갔다. 창밖에는 내일을 기약하는 어두움이 차오르고 있었다.

| 효도란 소박한 실천에서 나온다 |

Roncesvalles → Larrasoaña

은정이는 길을 걸으면서 뒤에 따라오는 엄마를 뒤돌아보며 기다려줬다가 걷곤 한다. 원래는 친구와 오기로 했었는데 마음을 바꿔 엄마와 같이 왔단다. 대부분의 청년들이 부모와 오기를 꺼려하는데 은정이는 달랐다. 딸이 엄마를 모시고 까미노를 걷는 정감 어린 행동이란 요즘에는 찾아보기 힘든 광경 아닌가. 은정이를 볼 때마다 나도 어머니에게 제대로 효도를 할 기회가 있었으면 얼마나 좋았을까 하는 생각이 들었다. 하지만 어머니는 이미 성모님과 예수님 곁으로 갔으니….

효孝란 거창한 것이 아니다. 은정모녀처럼 순수하게 함께 걷고, 함께 대화하며, 함께 지내는 것이 효도다. 은정이는 프랑스길 여정을 마칠 때까지 엄마와 더불어 화목

은정 모녀의 휴식

하게 지냈다. 그녀는 지상 최고의 효도를 한 셈이다. 또한 40대의 김태훈 씨도 70대의 노모를 모시고 까미노를 걷는다. 항상 나란히 걸어가는 뒷모습이 너무 아름다워 몰래 사진을 찍어 와이파이Wifi 를 통해 보내줬다. 그들 모자母子는 사진의 배경이 까미노의 특징을 너무 잘 표현하고 있다며 귀국하면 사진을 확대하여 집에 걸어놓을 것이라며 고마움을 표했다. 그뿐이 아니다. 금숙 씨 모녀도 길을 함께 걷고 있었다. 걷는 과정에서 사소한 일로 티격태격하지 말란 법도 없지 않지만 꾸준히 서로를 돌보며 걸어가는 사람들. 그들은 함께 얘기하며 걷는 것만으로도 진정한 효를 행하는 것이다. 효도란 그리 거창한 것이 아니라 소박한 실천의 열매이기 때문에.

에로 고개로 불리는 깔딱고개, 그리 높은 언덕이 아니지만 어제 피레네를 넘어왔던 후유증 때문에 낮은 언덕길이 나와도 숨이 깔딱 넘어갈 것 같아 내가 명명한 이름 깔딱고개다. 고갯마루에 푸드

시원한 순례길

트럭이 길가를 차지하고 있었다. 우리는 트럭에서 음료수와 간단한 간식거리를 샀다. 어디를 가든 나는 음식값을 먼저 지불하는데 익숙하다. 그런데 이곳에서 만큼은 동작 빠른 은정엄마가 값을 냈다. 같이 걸어주는데 대한 고마움의 표시로 나에게 베푸는 것이리다. 가격으로 치자면 얼마 되지 않지만 그 마음은 무엇과도 바꿀 수 없는 가치를 지니고 있다. 이것이 세상 어디에도 없는 우리나라만의 정情 아닌가.

  푸드 트럭에서 대충 끼니를 때운 뒤 우리는 수비리Zubiri를 지나 라라소아냐Larrasoaña의 시립 알베르게에 도착했다. 먼저 순례자 여권인 크레덴시알에 스탬프를 받고 침대를 배정받았다. 그곳에는 우리보다 앞서 도착한 영휄리와 그녀의 한국인 일행 K씨가 있었다. 라라소아냐의 시립 알베르게는 많은 순례자를 수용하기 위해 2

개의 건물로 이뤄져 있었다. 우리는 늦게 도착했기 때문에 본채가 아닌 별채를 써야 했다. 별채에는 또 다른 40대 중반의 김수걸 씨가 있었다. 나는 그의 집이 강릉이었기 때문에 강릉청년이라 부르기로 했다.

대부분의 알베르게는 주방시설을 갖추고 있어 순례자들은 단지 음식재료만 사 와 주방에서 요리를 하면 된다. 재미교포 영휠리는 푸짐하게 음식을 준비하고 오늘 처음 본 강릉청년을 저녁 식사에 초대했다. 우리는 암묵적으로 영휠리, 은정모녀, K씨 그리고 나 이렇게 다섯 명이서 먼저 도착한 사람이 음식을 준비하고 비용은 공동 부담하기로 약속돼 있었다. 그런데 문제가 생겼다. 강릉청년은 자신을 초대해 준데 대한 고마움으로 값비싼 와인을 한 병 사들고 알베르게의 주방을 찾아왔다고 한다. 그때 K씨가 '우리도 먹을 것이 부족한데 모르는 사람을 초대했다.'며 영휠리에게 짜증을 냈단다. 강릉청년은 무안했던지 와인만 전해주고는 별채로 되돌아와 버렸다는 것이다. 영휠리의 친절이 무색해지는 순간 아닌가. 순례자는 모두 열린 마음으로 포용해야 되는데 K의 닫힌 마음이 언제나 열릴지? 천성은 바꿀 수 없는데 우리가 어찌하겠는가. 무안해진 영휠리는 별채에 있는 나와 은정엄마를 찾아와 강릉청년을 잘 달래서 저녁 식사에 함께 와 달라는 부탁을 한다. 나와 은정엄마는 아무것도 모르는 척 시치미를 떼고 그에게 식사하러 가자며 소매를 잡아끌었다. 다함께 모이자 K씨도 더 이상 말을 하지 않았다. 즐거운 저녁 식사였지만 왠지 마음 한 구석이 무거웠다. 나중에 K씨는 '까미노에서 만난 사람은 까미노가 끝나면 끝이다. 괜히 우리 돈 들여 남을 대접할 필요가 있는가.'라는 차가운 말을 한다. 더 이상 그와 말을 잇지 않았다. 사람마다 생각과 느낌이 다를 수 있다고는 하지만 그래도 까미노는 배려와 사랑으로 이뤄진 길인데….

| 베풂에 보답하다 |

Larrasoaña ⟶ Puente la Rein

은정모녀와 강릉청년 수걸 씨가 서로 대화하며 걷고 있는 사이 나는 영휠리를 쫓아 빠른 걸음으로 강변을 따라 걸어갔다. 아르가 강의 다리를 건너자 아침의 냉기가 서린 강변에 바bar가 자리를 잡고 있었다. 영휠리와 나는 바에 자리를 잡고 뒤에 오는 일행이 우리와 합류하기를 기다렸다.

은정모녀와 강릉청년이 시야에 들어왔다. 차가운 새벽 내음을 피부로 만끽하며 따뜻한 커피를 마시는 행복이란 경험해 보지 않은 사람은 모른다. 목 줄기를 타고 내려가는 따스함, 내가 살아있음을 새삼 느끼게 한다. 휴식의 달콤함도 속도의 중압감을 떨쳐낼 수 없다. 어서 걸어 오늘의 목적지에 도착해야 한다는 속박 때문이다.

나도 산티아고 가는 프랑
스길 800km 내내 서두
름에서 헤어 나오지 못한
것이 사실이다. 그래서 나
중에 걸었던 포르투갈 해
안길은 일부러 느긋한 여

중세의 다리를 건너는 세 사람

유로움 속에서 사색을 즐겼다. 무한 속도 경쟁 사회에서 걷는다는
것은 어찌 보면 느림의 미학을 실천하는 방법이리라. 그러나 도보
순례라는 느림 속에도 목적지에 빨리 도착해야 한다는 속도의 경
쟁이 존재하고 있으니 아이러니 아닌가.

빰쁠로나Pamplona 성곽을 향해 빠른 걸음으로 길을 걷던 중 파
란 바지를 입은 한 여성을 보았다. 그녀의 파란 바지가 눈에 익었
다. 서둘러 뛰어가 확인해 보니 그녀는 탈진해 풀밭에 누워있던 나
에게 음료수와 비스킷을 건넨 피레네산맥의 천사였다. 너무 반가
운 나머지 이것저것 물어보며 대화를 시작했다. 그녀는 오스트리
아인으로 이름은 마르깃Margit이었다. 자신의 집에서 여기까지 장
장 2,300km를 걸어왔단다. 그녀는 그 엄청난 거리를 걸어오는 동
안 나처럼 탈진하기도 했고 길가에 쓰러져 있기도 했다고 한다. 그
래서 쓰러져 있는 나를 보고 그냥 지나칠 수가 없어 음료수 한 병과
자신이 먹다 남긴 비스킷을 주고 갔다는 것이다. 자신도 힘들고 먹

을 것이 필요했을 텐데 남을 위해 기꺼이 나눔을 실천한 그녀 덕분에 힘을 내어 피레네산맥을 넘을 수 있었다.

나의 수호천사인 그녀를 그냥 보낼 수 없어 점심을 같이 먹자고 제안했다. 길가의 바에서 순례자치고는 비교적 풍성한 점심 식사를 하며 대화를 꽃피웠다.

나의 수호천사 마르깃과 함께

식사대접이 그녀의 베풂에 조금이나마 보답한다는 사실에 가슴 뿌듯했다. 나를 포함한 우리 일행 6명과 그녀가 먹은 점심밥값은 총 36유로였지만 그녀의 열린 마음에 견줄 수 없었다. 헤어짐이 아쉬워 손을 흔들며 다시 만나기를 은근히 바랐지만 순례가 끝날 때까지 그녀를 다시 보지 못했다. 산티아고 길에는 천사들이 많다. 하늘에서 내려온 날개 달린 천사가 아니라 타인을 도와주는 인간 천사들이다. 마르깃은 까미노의 천사였다.

육중한 빰쁠로나Pamplona 성 안에 있는 산타마리아 대성당의 특전미사에 참석하여 모든 순례자들을 위한 기도를 드렸다. 물론 이 세상을 떠난 사람들의 영혼을 위한 기도도 빼놓지 않았다. 미사가 끝나고 은정모녀, 영휄리 등과 시내구경을 나갔다. 강릉청년 김수

걸 씨는 감기기운이 있어 호텔에서 이틀 정도 묵으며 휴식을 취하
겠다고 한다. 짧은 시간에 정이 들었는데 내일부터 강릉청년과 헤
어진다니 아쉬웠다. 너른 광장 곁의 바bar! 은은한 조명 아래서 콜라
와 맥주를 마시며 이 밤이 영원히 지속되기를 바라고 싶었지만 다
리도 아프고 몸도 피곤하니 순례자 숙소로 돌아갈 수밖에 별 도리
가 없지 않은가.

|웃음은 전염된다|

Pamplona → Puente la Reina

새벽의 빰쁠로나 시가지는 정적에 휩싸여 순례자들의 발걸음
을 더욱 두드러지게 만들었다. 나바라 대학의 교정을 가로질러 어
느덧 샤를마뉴가 이슬람 세력인 무어인들을 무찔렀다는 시수르 메
노르Cizur Menor에 도착했다. 같이 걷던 은정모녀와 영휠리가 보이지
않아 잠시 남의 집 앞에 앉아 기다렸다. 그때 관광회사가 인솔하는
20여 명의 단체 순례자 중 70세라는 한 남자가 내 앞에 서서 같이
사진을 찍자고 한다. 그 남자는 생장피드포르에서부터 여기까지
오는 도중 항상 웃는 표정을 짓고 있는 나를 볼 때마다 기분이 좋았
다고 말한다. 기념 촬영을 마친 그는 손을 흔들며 나를 추월했다. 웃
음은 전염된다는데 앞서가는 그의 표정도 미소로 가득했다. 내가

매일매일 웃고만 다녔나?

시수르 메노르의 너른 평원을 가로지르며 은정모녀를 모델로 순례길 사진을 스케치하곤 했다. 뻬르돈Perdon 언덕을 향해 오르기 전 갈증을 달래려고 사리끼에기Zariquiegui마을 구멍가게에 들렀다. 그곳에서 두 분 스님이 과일을 사고 있다. 가톨릭 순례길을 걸으면서 스님에게 가장 불편한 일은 아마도 먹는 것이리라. 사먹는 식사는 대부분 고기가 포함돼 있으니 매일 숙소에서 쌀과 채소로 밥을 해 먹어야 되는 불편함을 감수할 수밖에 없는 형편이었을 것이다. 두 분은 첫날 피레네의 산길에서 만난 뒤 매일 만나는 지인, 지영 스님이었다. 키도 크고 걸음이 빠른 내가 아직도 여기밖에 오지 못했나 싶었는지 지영 스님이 묻는다.

"왜 아직도 여기 계세요?"

"스님 다시 만나려고 천천히 걸었죠."

삐르돈 언덕의 철 조각상

　스님이 활달하게 웃는다. 말 한마디로 천 냥 빚도 갚는다는데 기분 좋은 말을 왜 주저하겠는가. 지인 스님은 가게에서 과일을 샀는지 나에게 오렌지와 사과를 건넨다. 가는 말이 고우니 오는 과일이 탐스럽다. 그 과일들은 삐르돈 언덕을 오르는 순례자의 갈증을 시원하게 해소해 주었다.

　완만하게 상승하는 경사면을 따라 삐르돈 언덕 정상에 다다르자 순례자 모습의 철 조각상이 우리를 반겼다. 녹이 슬어 벌겋게 변색되었지만 모든 사람들은 철 조각상을 배경 삼아 사진 촬영에 열중이다. 언덕의 정상이라 바람이 세차다. 주위의 풍력발전용 풍차가 세찬 바람을 동력원으로 원을 그리며 돌아가고 있었다. 용서의 언덕이라고도 불리는 이곳에서 잠시 눈을 감고 신께 죽은 이들의 죄를 용서해 줄 것을 간청했다.

달콤한 휴식 시간을 끝내고 하산하는 길은 가파른 내리막길로 이어졌다. 너덜지대에서 이름 모른 한 여성이 자갈을 잘못 밟아 미끄러져 넘어졌다. 다행히 다친 곳은 없었지만 그녀는 다소 창피한 모양이었다. 그리 길지 않은 가파른 비탈길을 내려온 상쾌함은 낭만적인 좁은 길을 걸어갈 때 최고조에 달했다. 논둑길 같으면서도 나름 멋들어진 길이다. 그런데 자세히 살펴보니 길 옆 푸르름을 자랑하는 나무들에 한결같이 겨우살이가 다닥다닥 붙어있었다. 괴로운 듯 생명을 다해가는 나무들이 안쓰러워 보였다. 자신에게 붙어 기생하는 겨우살이에게 모든 양분을 제공하고 정작 자신은 쇠락해가는 나무의 모습은 세상의 부모님들이 자식들에게 헌신하며 자신은 늙고 병들어가는 것과 다름없다는 생각이 들어 서글퍼졌다. 그런데 자식들은 부모님의 베풂을 당연시 하며 효를 등한시하지나 않을지….

오늘의 목적지인 뿌엔떼 라 레이나Puente la Reina에 도착하여 시립 알베르게에 여장을 풀었다. 뿌엔떼는 다리라는 뜻이고 레이나는 여왕이라는 의미이니 말 그대로 여왕의 다리라는 이름을 가진 마을이다. 이 다리는 산초 엘 마요르 왕의 왕비가 순례자들을 위해 건축했다. 중세시대 이 다리를 건너던 사람에게 통행료를 받았던 관계로 다리 주변에 자연스럽게 마을이 형성되었으며 마을 이름도 다리 이름으로 정착되었던 것이다. 마을 입구의 산뻬드로 성당, 그

안에 독특한 사연을 간직한 Y자형 십자가가 14세기부터 지금까지 변함없이 자리를 지키고 있었다. 중세 독일의 순례자들이 자신들의 마을에서 전염병이 사라진 데 대해 감사하며 Y자형 십자가를 들고 산티아고 순례를 하던 중 이곳에 이르자 십자가가 전혀 움직이지 않았다는 이야기가 전해 내려온다. 성당 내부는 캄캄했지만 십자가 주위에 은은한 조명이 비춰져 엄숙한 분위기가 엄습해 왔다. 경건한 십자가! 그 경건함에 압도된

산뻬드로 성당의 Y자형 십자가

나는 제대 앞에 굳어버린 듯 꼿꼿이 서서 어머니의 영혼을 위한 기도를 드리지 않을 수 없었다.

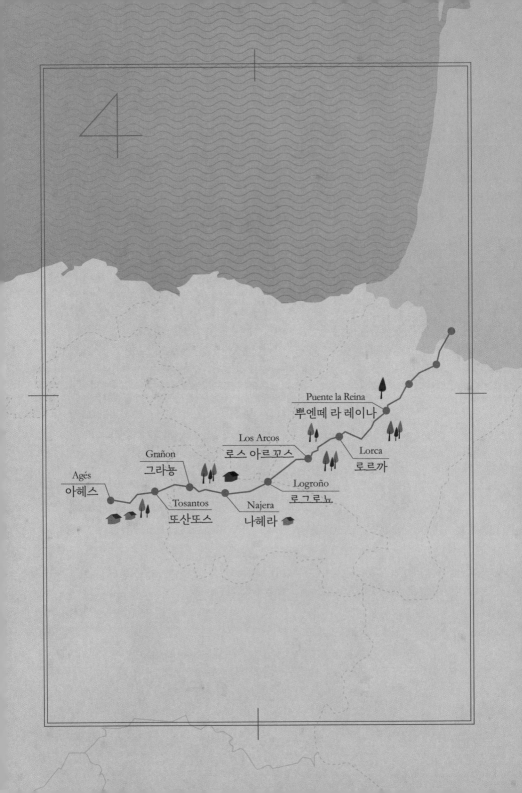

|세계유산 로마가도를 따라 걷다|

Puente la Reina → Lorca

마을 끝자락 평범한 문을 통과하여 아르가강을 가로지르는 다리를 건너가서야 비로소 여섯 개의 아치로 이뤄진 멋들어진 다리의 모습을 볼 수 있었다. 은정엄마와 영휠리는 아치형 다리를 배경으로 인증샷을 눌러댄다. 비록 나이는 들었을지라도 아름다운 모

여왕의 다리

시라우끼 마을

습에 감탄하는 소녀들! 기쁠 때 웃고 슬플 때 눈물 흘리는 순박한 시골 처녀처럼 좋아하는 두 사람의 모습에 장난기가 도졌지만 그냥 침을 꿀꺽 삼키고 길을 떠났다. 순례자에게는 사진 찍는 순간도 허비하기 싫은 시간이다. '오늘은 빨리 목적지에 도착해야 하는데, 내가 쉬는 동안 다른 사람들은 벌써 저만치 가버리는데, 내 발걸음은 다른 사람보다 느린데' 하는 등등의 이유로 항상 속도의 중압감에 눌려있기 때문이다.

멀리 언덕의 경사면을 따라 집들이 다닥다닥 붙어있어 마치 뱀이 똬리를 튼 모습처럼 보이는 시라우끼Cirauqui마을이 눈에 들어왔다. 까미노는 자연의 아름다움이 많았으나 이곳만큼은 인위적인 경이로움이 우리 일행의 눈을 사로잡았다. 원형의 마을을 배경 삼아 서로서로 사진을 찍어주며 시간을 보냈다. 사진의 백미는 단연코 섹시한 포즈를 취한 영휠리였다. 에스파냐(España, 영/Spain)의 시골 마을

동행

은 높은 언덕이나 낮은 구릉지 계곡에 위치해 있었다. 높은 언덕 마을은 적의 침입을 쉽게 관찰할 수 있는 전략적 방어진지에 속했으며, 평야보다 낮은 골짜기 마을은 적이 관측을 할 수 없도록 숨겨진 피난처였음이 확연하다. 이러한 특징은 중세 기독교도와 이슬람교도 사이에 전투가 많았다는 것을 보여주는 상징물이다. 바스크

로마가도의 흔적

어로 살모사의 둥지라는 뜻을 가진 시라우끼 마을은 과거 로마군이 주둔했을 정도로 전략적 방어진지 구축에 용이한 곳이었다. 그래서인지 이곳 마을 뒷문부터 로마가도가 이어진다. 많은 순례자들이 발바닥의 통증을 자극하는 울퉁불퉁한 돌길이려니 하고 그냥 지나치기 일쑤인 로마가도를 걸으며, 영휠리와 로마가도 복원에 대해 얘기했다.

"스페인은 얼마 전 경제적 위기에 처했으며 현재도 경제난에서 벗어나지 못하고 있어요. 제1차 세계대전 이후 대공황에 처한 미국의 루즈벨트 대통령이 뉴딜New Deal정책을 펼쳐 경제적 위기를 타개하였는데, 저 같으면 그러한 정책을 여기서 펼치겠어요. 뉴딜 정책은 금융, 노동, 토목 등의 분야에 대해 실시됐는데 그중에서도 토

목공사의 예를 들면 오늘은 이곳의 땅을 파고 내일은 그 땅을 덮는 등의 방법으로 노동자들에게 돈을 지급했어요. 노동자들은 그 돈을 받아 생활비로 사용하게 되고 그로 인해 생활물품을 생산하는 공장은 가동이 원활히 돌아가게 되어 돈이 순환하게 되었어요. 그리하여 경제는 점차 상승하게 되었지요. 제가 이곳의 행정책임자라면 로마가도를 복원하는 토목공사를 시작할 거예요."

"듣고 보니 그렇네. 로마가도의 흔적이 그대로 있으니까 복원하기도 쉽고, 실업자들의 일자리가 해결되고, 그럼으로써 돈이 순환되고, 또한 산티아고 순례길에 로마가도가 완벽한 모습으로 자리한다면 그만큼 많은 사람들이 이곳을 찾게 되어 지역경제에 도움이 될 것이고, 거기에다 국가의 경제난도 타개할 수 있으니 일석삼조의 효과를 거둘 수 있겠어."

까미노에서 많은 사람들을 만나 얘기하고 헤어지고를 반복한다. 그중에서도 나와 얘기가 가장 잘 통하는 사람이 영휠리였다. 사실 그녀가 10여 일만 걷고 미국으로 되돌아 간 뒤 산티아고 순례길을 마치는 순간까지 그 분의 빈자리가 상당히 컸다. 그만큼 시원하게 대화를 할 사람이 적었다는 의미다. 주변에는 온통 포도밭들로 가득 차 있었다. 알갱이가 작고 당도가 높은 와인용 포도는 모든 순례자들이 한 송이씩 따먹어도 흔적이 남지 않을 정도로 풍성했지만 나는 단 한 알만 따서 입에 넣었다. 달콤한 포도는 나의 미각을

포도밭

자극했지만 거봉 포도처럼 큰 것을 좋아하는 나로서는 조그마한
포도 알갱이를 더 이상 입에 넣지 않았다.

　원래 포도주wine는 7천 년 전부터 인간이 스스로 제조해 마신 것
으로 알려졌다. 서기 2세기경 로마인의 주식이 죽에서 빵으로 바뀌
면서 목마름을 극복하기 위해 포도주를 마시게 되었다. 당시 와인
은 물을 타 희석시켜 마셔야 했고 귀족일수록 물을 많이 타서 마셨
다고 한다. 로마인들의 1인당 일일 평균 와인 소비량은 0.5리터였
다. 후의 일이지만 프랑스의 나폴레옹도 원정에 나선 군인들에게
일일 0.5리터의 와인을 제공했다. 그러므로 로마의 일부였던 에스
파냐의 와인산업은 번창할 수밖에 없는 시대적 배경을 지니고 있
었다. 게다가 영국과 프랑스 사이에 100년 전쟁이 발발하자 영국은
와인 수입선을 프랑스에서 에스파냐(España, 영/Spain)로 바꿈으로써
스페인의 와인산업은 새로운 전기를 맞게 되었다. 그래서인지 지

천에 포도가 널려있었지만 알갱이가 그리 크지 않은 와인 제조용
뿐이었다.

오늘은 고작 14.5킬로미터만 걸었다. 로르까Lorca에 한국 여성
이 에스파냐 남자와 결혼하여 바bar 겸 알베르게Albergue를 운영하고
있다는 소식 때문이었다. 바에 도착하여 숙소에 여장을 풀고 시원
한 맥주를 들이켰다. 새벽 커피와는 달리 차가운 물줄기가 목으로
내려가자 세상을 다 가진 듯 시원 상쾌했다. 갈증이 일거에 사라지
자 우리 일행은 이야기를 주고받는 즐거움을 나눴다. 이야기를 나
누느라 500cc 생맥주를 무려 3잔이나 마셨다. 주인 호세Jose의 푸짐
한 저녁 식사는 자신의 부인이 한국인이라는 점을 고려하여 다른
순례자들에게는 제공되지 않는 풍성한 샐러드와 콩 스튜 등 많은
음식이 추가되었다. 은정모녀와 영훨리 외에도 다수의 순례자들이
우리와 식사를 같이했기 때문에 우리의 음식 일부를 그들과 나눠
먹으며 수다를 떨었다. 호세의 아내는 다음 날 아침 일찍 가게로 나
와 우리를 환송하는 친절을 베풀었다. 동포애는 물보다 진하다.

| 종교화합의 장을 목격하다 |

Lorca → Los Arcos

1090년 산초 라미레스 왕에 의해 에가 강가에 계획적으로 만

들어진 에스떼야Estella는 북부의 똘
레도Toledo라고 부를 정도로 번성한
도시였다. 중세의 웅장한 성당과 수
도원들이 강가에 즐비한 도시를 벗
어나자 소박한 시골 풍경의 아예기
Ayegui 마을이 등장했다. 아예기는 이
라체 와인공장Winery에서 무료로 제
공하는 와인 탓에 유명세를 타고 있
는 곳이다. 와이너리의 열려진 철문
안으로 들어서자 한쪽 벽면에 두 개
의 수도꼭지가 보였다. 왼쪽은 와인

무료로 제공되는 와인

이, 오른쪽은 물이 나온다. 먼저 물을
들이켜 갈증을 달랜 다음 와인을 한 컵 가득 받아 마셨다. 뜨끈뜨끈
한 취기가 뱃속을 감돌자 기분이 좋아졌다. 지난 5년 전 이곳을 방문
했을 때는 와인이 나오질 않아 마셔보지 못한 한풀이였을까? 조그마
한 페트병에 와인을 절반가량 채워 길을 나섰다. 까미노를 걸으며 천
천히 마시려고 했던 와인은 금방 한국인 청년에게 건네졌다. 이날 처
음 만난 한국인 청년은 순례자를 위한 와이너리가 어디 있는지도 모
른 채 그냥 지나쳐 온 것이었다. 신께서 목마른 다른 사람에게 나눠주
도록 나에게 와인을 담아가도록 한 것일까?

비야마요르 데 몬하르딘Villamayor de Monjardín에 가까워지기 전 멀리 산정에 몬하르딘 성이 보인다. 최초 9세기에 건축됐다는 고성을 바라보자 한 눈에 기독교도와 이슬람 세력과의 전투가 치열했던 곳이라는 생각이 든다. 주변의 비옥한 토지를 보호하기 위해 높은 산 위에 요새를 만들었으리라. 그 아래로는 13세기 풍의 고딕양식으로 건축된 무어인의 샘이 있었다. 지붕아래 투명하고 깨끗한 물이 가득 채워져 있는 이곳을 지금도 식수로 사용하는지는 알 수가 없었지만 왠지 마셔보고 싶은 생각이 가득했다. 무어인의 샘 앞에서 일본인 여성 순례자가 땅바닥에 절퍼덕 주저앉아 햇볕을 온 몸으로 받아내고 있다. 나도 슬그머니 그 옆에 앉아 얘기를 주고받았지만 일본 특유의 악센트가 영어에 곁들여져 무슨 말인지 도통 알아들을 수 없었다. 그래도 모든 말을 다 알아듣는 양 그냥 고개를 끄덕여 줬다. 아마 그녀도 내가 했던 얘기를 알아듣지 못했으리라.

점차 발목의 통증이 심해졌다. 까미노에 오르기 전 병원에서 치료를 받으며 상당한 기간을 쉬었지만 90kg의 거구에 11kg의 배낭 무게까지 더해져 나타난 부작용일 것이다. 발걸음은 천근만근 무거워지고 몸과 마음은 점점 지쳐 가는데 오늘의 목적지는 결코 시야에 들어오지 않았다. 그래도 어찌하겠는가. 걸어야만 하는 운명인 것을. 드디어 32km를 걸어 로스 아르꼬스Los Arcos에 도착했다. 산타마리아 대성당 옆 까스띠야 문을 통과하여 조그마한 강을 가로

성당에 앉아 있는 두 스님

지르니 오늘의 숙소인 시립 알베르게가 보인다. 오늘도 무사히 여정을 마치게 해 준 하느님께 감사를 드렸다. 영휠리와 은정모녀는 항상 목적지에 도착하면 미니슈퍼에서 식재료를 사다 음식을 장만한다. 한국적인 음식을 먹을 수 있게 해 준 그들에게 감사한 마음으로 설거지를 대신했다. 이날 밤 로스 아르꼬스Los Arcos의 산타마리아 성당에서 미사를 드리는데 두 분의 스님이 자리를 잡고 앉아 천주교식 예법에 맞춰 절제된 기도를 드리고 있었다. 성모송을 낭송하며 성당 내부의 정원을 몇 바퀴 도는 데도 거부감 없이 두 손을 합장하고 가톨릭 교인들의 뒤를 따랐다. 종교에 경계와 반목이 없음을 몸소 실천하는 진정한 구도자의 모습에 마음으로나마 존경을 표했다.

|산티아고의 유골임이 증명되다 |

Los Arcos → Logroño

여명의 어둠이 천지를 감싼 듯 조명 없이는 한 발 자국도 걸을 수 없을 정도로 캄캄했다. 휴대폰의 조명을 땅바닥에 비추며 빠른 발걸음을 옮기다 보니 일행보다 한참 앞섰다. 까미노 옆 긴 나무 벤치에 곧게 드러누워 일행을 기다렸다. 벤치의 차가운 기운이 옷을 뚫고 스며들어 땀에 젖은 등을 식혀준다. 새벽의 신이 어둠의 장막을 걷어낼 즈음 한숨 잠에 빠져 들었다. 일행이 내 곁으로 다가오는 발자국 소리가 귓가에 들릴 때까지 단잠을 잤다. 눈을 뜨고 일어나 그들을 맞이했다. 모두가 쉬어가기로 하고 내가 누워있던 벤치에 걸터앉는다. 그들은 잠시의 휴식을 달콤해 하는 눈치였다. 단 십 분의 휴식에도 만족해하는 그들, 까미노에 나서지 않았더라면 10분을 쉬면서 이처럼 행복해 했을까? 도시에서는 결코 맛보지 못했을 10분의 행복이 이처럼 클 줄이야.

비아나Viana까지 가는 길은 언덕길의 연속이다. 길가에는 수확을 마친 포도나무들이 즐비했다. 수확이 끝난 포도밭의 포도는 따 먹어도 괜찮다기에 포도즙이 입과 손을 끈적이게 만들 때까지 가을의 풍요로움을 맛보았다. 가랑비가 내리는가 싶더니 갑자기 빗줄기가 쏟아진다. 모든 순례자들이 판초우의를 입었지만 나는 그냥 비

까미노를 걸어가는 영웰리

를 맞기로 했다. 아마 지나가는 비일 것이다. 또한 덥기도 해서 빗물에 몸을 식힐 필요도 있었다. 굽이진 길을 올라 바람의 시원함이 나를 감싸 안는 시점에 미리 준비한 당근을 먹으며 휴식을 취하는데 나이 지긋한 한국인 1명이 숨을 헐떡이며 언덕을 올라왔다. 누가 시키지 않아도 당근을 건네줬다. 따뜻한 나눔, 아름다운 동행 아닌가.

비가 그치고 적막한 고요함이 다가오자 우리는 적막을 깨기라도 하듯 대화의 나락으로 떨어졌다. 잠시의 시간이지만 이처럼 만족스러운 대화도 없는 것 같다. 당근을 나눠먹던 그분은 내가 에스파냐라고 말을 하자 스페인이라고 고쳐주었다. 그래서 웃으며 "예! 알겠습니다."라고 말했다. 그분에게 스페인이나 에스파냐는 같은 나라라고 말하면 무안해 할까봐 그냥 지나친 것이다. 실제로 많은 분들이 스페인Spain은 알지만 에스파냐Eapaña는 익숙하지 않은 것 같았다. 단지 영어로만 스페인으로 불릴 뿐 본토 발음으로는 에스파냐인데….

돌에 구리로 표기한 조가비 문양 옆에서

로그로뇨의 입구에는 독특한 문양의 조가비 표시가 있었다. 색다른 모습에 기념 촬영까지 하는 여유를 부리며 오늘의 목적지로 나아갔다. 순례 여정 중 제법 큰 도시인 로그로뇨Logroño로 들어섰다. 에브로Ebro강이 휘감아 흐르는 이곳은 역사적 질곡이 많은 곳이다. 에브로강은 원래 이베로Ibero강으로 불렸다. 로마인들이 에스파냐를 점령했을 당시 많은 원주민들이 이베로강을 중심으로 살고 있었다. 로마인들은 그들을 이베로인이라고 불렀고 그 후 에스파냐와 포르투갈이 위치한 이곳 반도를 이베리아Iberia 반도라 부르게 되었다. 로마는 이베리아 반도를 속주屬州로 다스리던 시기에 히스파니아Hispania라는 지명으로 분할 통치하였다. 시간이 흘러 H는 묵음이 되었고 i는 e로 변형돼 에스파냐España가 되었다. 영국에서는 E를 탈락시켜 스페인Spain으로 부르게 된다.

이 밖에도 로그로뇨는 야고보 성인의 유해 발굴이라는 사실을 증명한 곳이기도 하다. 야고보 성인은 이베리아 반도 포교 활동에서 별다른 성과를 거두지 못하고 예루살렘으로 돌아가 서기 44년 예수의 열두 제자 가운데 처음으로 순교한다. 그 뒤 769년이 흐른 813년 유해가 발굴된다. 그런데 야고보 성인의 유골임을 증명할 방법이 없었다. 당시 이베리아 반도에서는 이슬람교도와 가톨릭교도 간 전쟁이 한창이었다. 서기 844년에 이르러 기독교도는 수적으로 열세인 상태에서 이슬람교도와 생사의 갈림길이 되는 일전을 앞두고 대치하였다. 이때 전사의 모습으로 나타난 야고보 성인이 백마를 타고 적진으로 돌격했다. 기독교도들은 야고보 성인을 정신적 지주로 삼아 '돌격 산티아고'를 외치며 너나 할 것 없이 적진으로 뛰어들어 전투를 승리로 이끌었다. 성 야고보의 출현과 전투의 승리는 발견된 유골이 야고보 성인이라는데 이의를 달 수 없는 증거로 활용됐다. 당시 이곳 로그로뇨 인근에서 벌어졌던 전투가 바로 끌라비호Clavijo 전투였다.

로그로뇨에서는 특색에 걸맞게 교구에서 운영하는 기부제 빠로끼알Parroquial 알베르게에 여장을 풀었다. 알베르게는 시립 Municipal, 공립Publico 그리고 교구Parroquial로 나뉜다. 물론 개인이 운영하는 사설Privado도 있다. 이날 밤 은정모녀와 영휠리와 함께 성당에서 제공된 식사를 마친 다음 중세 성당의 비밀통로를 따라 성전 내부로 들어갔다. 장엄하고 엄숙한 성당에서 기도시간을 갖는다는 것만큼 행운은 없으리라. 자원봉사자가 제대(祭臺, Altar)를 설명했다. 제대 전체는 바로크 양식으로 목각을 입체적으로 조각하여 색칠한 뒤 토끼기름을 발라 번쩍이게 만들었다고 한다. 우리들이 관심을 보이자 신이 난 자원봉사자는 지하성당으로 우리를 안내했다. 18세기 바로크의 걸작 성모 마리아상과 피 흘리는 예수상을 보여줬다. 다시 식당으로 돌아와 접시 닦이로 자원봉사를 하며 수다를 떨었다. 영휄리 그리고 은정모녀와 함께 이야기를 더 하고 싶었지만 시간은 흐른다. 못다 한 이야기를 뒤로 한 채 오늘을 정리했다.

|신이 주신 가장 아름다운 선물은 사랑이다|

Logroño → Najera

인연이란 참 묘한 것이다. 만나지 못할 것 같던 사람은 다시 만나고, 다시 만날 것 같은 사람은 만나지 못하는 경우가 허다하다. 한참을 쉬고 있는데 저만치 뒤에서 칠순 노모를 모시고 걷는 부산청년 태훈 씨가 다가온다. 앞에는 은정 씨가 엄마와 함께 걷고 있었다. 같이 걷지는 않지만 서로 떨어져 걷고 있는 금숙 씨 모녀도 있었다. 이러한 모습은 효도이자 사랑이었다. 그들과 스치고 만나기를 반복하다 보니 이제는 정이 들어버릴 정도다. 아니 정이 깊숙이 들었다. 아름다움이란 이런 것을 두고 하는 말일 게다! 신이 우리에게 주신 가장 아름다운 선물은 바로 사랑이 아닌가. 내가 어머니를 모시고 이 길을 걷지 못했던 것이 후회된다. 뒤늦게 영정 사진을 모시고

노모와 함께 걷는 순례자

걷고 있기는 하지만 어찌 살아생전에 함께 하는 저들과 비교가 되겠는가. 그렇기에 그들이 더욱 각별하게 가슴에 와닿았다.

산티아고 여정에 오르기 전 탈이 났던 발목이 다시 고장 났다. 절름거리며 하루 종일 고통 속으로 항진했다. 나헤라Najera의 시립 알베르게에서 우리 일행은 믿음직스런 호세Jose를 만났다. 호세라는 이름이 워낙 흔해서 헷갈릴 정도였지만 이 호세만큼은 유별났다. 영어를 한마디도 할 줄 모르는 호세는 큰 몸짓으로 우리와 소통했다. 빰쁠로나에서 은정이의 발바닥 물집 치료를 시작으로 호세는 '발바닥 물집 따기' 한국인 전담 주치의였다. 한국인들의 발에 물집이 잡히면 누가 시키지 않아도 어김없이 실과 바늘을 가져와 물집을 따주곤 했기 때문이다. 그를 만나자 나는 발바닥을 내밀며 새끼발가락에 돋은 물집을 보라고 했다. 비실비실 웃던 그가 주방에서 칼을 들고 나오며 물집을 없애려면 발가락을 잘라야 한다며 익살스럽게 칼춤을 추기 시작한다. 일순간 장내는 웃음바다로 변하였다. 코미디언보다 더 코미디언다운 코미디였다. 그는 실과 바늘에 소독약을 뿌려 소독을 한 다음 바늘에 실을 꿰었다. 바늘로 물집을 뚫어 두 번을 통과시켜 실을 감아 매듭을 묶은 다음, 물이 실을 타고 흐르도록 내버려 뒀다. 물집을 꿰었던 실은 껍질이 얇아지고 속살이 차오르며 점차 아무는 과정에서 저절로 떨어져 나간다. 실이 발가락 껍질 안쪽의 연약한 살을 스치자 비명을 질러댔다. 안드레아가 고통에 찌든 내 모습에 즐거운 듯 연신 셔터를 눌러댄다. 자원봉사자도 나의 신음소리와 표정이 우습다며 나에게 배우 아니냐고 묻는다. 장난기가 도진 나는 물집을 에스파냐어로 까사 데 아구아Casa de agua라고 말하며 농담을 건넸다. '까사 데 아구아'는 우리나라 말로 '물의 집house of water'이라는 뜻이다. 그런데 웃어대던 자원봉사자가 나의 물집 표현이 정확하다는 것이다. 설마 장난삼아 물의 집이라고 했던 내 표현이 정말 맞는지는 확인해 봐야 될 일이다. 나의 고통을 재미로 즐겼던 안드레아도 뒤늦게 자신의 발바닥에서 물집을 발견했다. 그의 비명소리가 이제 나의 즐거움이 될 줄은….

은정모녀와 영휠리는 먼저 도착하거나 늦게 도착하거나에 무관하게 알베르게 근처 상점에서 식사거리를 사와 저녁 식사를 준비해 놓곤 한다. 물론 내 식사는 항상 포함되어 있었다. 식사를 마친 우리는 인근 바bar로 향했다. 식사를 준비한데 대한 보답이라 할 수도 있지만 그것보다는 배려에 따른 고마움에 젖어 모두에게 커피를 대접하지 않을 수 없었다. 커피를 한 잔씩 나누며 우리는 어젯밤 못다 한 이야기에 빠져들었다. 순례길에서의 낭만이 이런 게 아니고 무엇이겠는가!

|죽은 닭이 살아난 마을을 지나다|

Najera → Grañon

어둠의 장막을 뚫고 가기에는 휴대폰의 라이트 기능이 적격이었다. 그저 휴대폰의 불빛에 의존해 한참을 걸었다. 동이 트고 태양의 빛이 까미노를 환하게 비출 즈음 아소프라의 원주에 다다랐다. 중세의 순례자들을 위협하던 도둑과 강도들에게 범죄를 저지르지 말라고 경고하는 의미에서 돌로 만든 칼을 땅에 꽂아 놓았다고 한다. 주변의 포도밭을 배경으로 아소프라의 원주를 촬영했다. 걸작을 남기고 싶은 마음에 이리저리 장소를 옮겨가며 촬영을 해 봤지만 휴대폰으로는 한계가 있을 수밖에 없었다. 제대로 된 카메라를 가져올걸 하는 후회도 생겼지만 지금 와서 후회해 봤자 무슨 소용인가.

시루에냐Cirueña의 골프장 방향으로 길을 잡고 언덕길을 오르는

포도밭 오른쪽의 아소프라 원주

데 갑자기 총성이 들렸다. 총성에 익숙한 나의 귀를 의심할 여지도 없이 반사적으로 몸을 움츠린 채 '이건 총소린데'라고 말하며 주위를 둘러보았다. 또 다시 한 발의 총성이 울렸다. 밀 수확이 끝난 황량한 벌판 언덕에서 사냥개 두 마리를 거느린 포수가 총탄을 발사한 것이다. 의기양양하게 뛰어 내려오는 포수와 사냥개를 보니 토끼를 잡은 모양이다. 토끼를 향해 쐈다지만 벌판 아래를 지나가고 있는 순례자들에게는 심각한 위험이 아닐 수 없다. 때마침 그곳을 지나는 순례자는 나를 포함해 둘뿐이라 다행이었지만 참으로 위험한 사냥 아닌가.

잘 조성된 골프장 리조트를 지나 직진하면 순례길이고 왼쪽으로 꺾어 100미터쯤 들어가면 고전적인 옛 마을 시루에냐Cirueña가 나온다. 대부분의 순례자들이 곧장 까미노를 따라가지만 나는 5년 전 아내와 이곳에 들러 커피를 마시고 갔던 기억을 회상하고자 시

동행

루에냐 마을의 바Bar로 찾아갔다. 원래 바는 순례길에서 중요한 역할을 담당한다. 까미노에는 화장실이 없다. 그래서 순례자들이 바를 찾아 볼일도 보고 시원한 음료로 갈증도 해소시킨다. 옛 모습 그대로 남아있는 바! 아내와는 실내에서 커피를 마셨지만 오늘은 밖에서 커피를 마셨다, 양말을 벗어 발을 햇볕에 말리기 위해서. 아내와 이 길을 다시 걷고 싶어진다.

나는 일행들에게 오늘은 발가락과 발목이 아파 조금만 걷겠노라며 홀로 길을 나섰다. 다른 사람들은 그라뇽Grañon까지 간단다. 나는 예정대로라면 유명한 기적의 전설이 서린 산토 도밍고 데 라 깔사다Santo Domingo de la Cazada 마을까지만 걸어갈 것이다. 1260년경 제노바의 대주교 야코부스가 중세 기독교인들의 삶에서 전해 내려오는 이야기를 모아 쓴 황금전설The Golden Legend에 교황 칼리스투스가 전해준 이야기라며 적은 내용이 있다. 툴루즈Toulouse의 여관집 주인이 부자父子 순례자의 재물을 탐내 순례자의 짐에 은잔銀盞을 숨겨놓고 도둑으로 신고했다. 고을의 책임자는 아버지와 아들 중 한 명이 범인일 것이므로 한 명만 교수형에 처한다는 판결을 내렸다. 순례자의 보따리는 자연스럽게 여관 주인의 몫이 되었다. 아버지와 아들은 서로 사형을 받겠다고 우겼지만 결국은 아들이 교수형을 받게 되었다. 슬픔에 잠긴 아버지는 성 야고보에게 자신의 아들을 구해줄 것을 간절히 기도하며 순례를 마쳤다. 순례를 마

치고 36일 만에 다시 툴루즈로 되돌아온 아버지는 아들의 처형장
소를 찾아갔다. 그런데 기적이 일어났다. 아들이 아직 살아있는 것
이었다. 아들은 야고보 성인께서 버팀목이 되어 자신을 붙잡아줬
고, 아울러 기운을 북돋워줘 아직까지 살아있다고 말했다. 아버지
는 크게 기뻐하며 고을의 책임자에게 그 사실을 알렸다. 사람들은
달려가 아들을 내려놓고 그 자리에 여관주인의 목을 매달았다.

그런데 이곳의 전설은 여관집 주인의 딸이 젊은 순례자를 짝사
랑하였으나 거절당하자 은잔을 숨겼다고 한다. 그리고 고을의 책
임자가 닭요리를 먹다 교수형에 처해졌던 젊은이가 살아났다는 말
을 듣고 "죽은 이 닭이 다시 살아난다면 그 말을 믿겠다."고 말하자
갑자기 닭이 살아났다는 것이다. 중세시대에는 통신과 교통이 발
달하지 못했으니 이곳 '산토 도밍고 데 라 깔사다'를 프랑스의 남부
도시 '툴루즈'로 잘못 알았을 가능성이 크다. 실제로 이곳 마을에서
는 전설의 주인공 우고넬이 살았다는 독일 윈넨뎀 마을과 자매결

연까지 맺고 있으니 황
금전설에 등장하는 마
을이 이곳인 것만은 확
실하다. 그 뒤부터 통닭
의 전설이 어린 이곳 대
성당에서는 흰색 닭 한

성당 내부의 흰 닭

동행

까미노 곁의 대형 십자가

쌍을 성당 안에서 키워 왔다고 한다. 마을 규모에 비해 엄청나게 큰 성당에 3유로의 입장료를 내고 들어갔다. 내부 한쪽 벽면에 흰 닭 한 쌍이 서성이는 모습이 보였다. 성당 내부 박물관에는 가톨릭 의식에 사용되는 많은 성물聖物이 전시돼 있었지만 나의 관심은 흰 닭이었다.

성당을 나와 길바닥에 절퍼덕 주저앉았다. 배가 고파오는 걸 보니 점심시간이 지나도 한참 지났나 보다. 아침에 영휠리와 은정엄마가 준비해 준 주먹밥을 꺼냈다. 손으로 주먹밥을 먹고 있는 내 모습이 처량하기 그지없었는지 지나가는 꼬마 아이가 나를 물끄러미 바라보고 있었다. 그 꼬마는 엄마가 자신을 덥석 안아갈 때까지 나를 관찰했다. 하기야 내가 나를 봐도 거지같은 초라한 몰골이니⋯. 이곳에서 오늘의 여정을 마치려고 했으나 영휠리가 모레면 미국으로 돌아간다는 사실이 마음에 걸렸다. 자칫 일정이 어긋나면 작별 인사도 못할 것 같아 자리를 털고 일어났다.

끊임없이 이어지는 벌판, 그 벌판 한 가운데 커다란 십자가가 나를 반기고 있었다. 19세기 초 '산토 도밍고 데 라 깔사다' 마을과 '그라뇽' 마을 사이의 밭을 두고 마을 대표가 결투를 했다는 곳, 그라뇽의 마을 대표가 승리하여 밭을 차지한 이후 그라뇽 마을에서 십자가를 세웠다고 한다. 대형 십자가를 지나쳐 드디어 그라뇽Grañon으로 입성하였다. 우리 일행들은 내가 발목 부상 탓에 이곳까지 오지 못할 것으로 생각했었나 보다. 마을 입구의 바Bar에 앉아있던 은정모녀와 영휠리가 환호성을 지르며 나를 반겼다. 손가락으로 V자를 그리며 당당히 걸어갔다. 눈물이 날 정도로 그들이 반가운 것은 어찌할 수 없는 나의 마음이었다.

| 나의 피는 달콤하다 |

Grañon → Tosantos

새벽 2시 모두가 곤히 잠든 시각 유독 나만이 어둠의 고요 속에서 잠을 이루지 못했다. 베드버그bed bug가 다시 나의 몸을 유린했기 때문이었다. 숙소 밖 길가의 벤치에 누워 잠을 청해보기도 했지만 베드버그가 물었던 피부가 가려워 긁적거리며 새벽별을 바라 볼

분홍빛 하늘을 배경 삼아 걷는 순례자

뿐이었다. 한 스페인 친구가 나에게 "당신의 피는 달콤sweet blood하기 때문에 빈대나 벼룩이 잘 문다."고 했던 말이 생각났다. 이럴 땐 차라리 냉혈cold blood이 더 나을 텐데…. 한밤중에 침낭을 들고 나가 탈탈 털어보는 쇼를 하면서 베드버그가 떨어져 나가기를 기대했지만 다시 침낭을 들고 순례자 숙소의 더러운 침대에 눕고 싶지 않았다. 온밤을 뜬눈으로 지샜다. 온몸이 폭격을 받은 것처럼 붉게 부풀어 올라 보기 흉할지라도 순례길의 여정을 포기할 수는 없었다. 부족한 잠, 발목의 통증, 발가락의 물집 등등 누더기 같은 몸을 이끌고 길을 가는데 붉은 여명의 눈동자가 아름다운 핑크빛으로 하늘을 물들인다. 아름다운 대자연의 경이로움 또한 신의 선물이 아니던가!

"신이시여! 어젯밤에는 베드버그로 저를 유린하더니 아침녘에는 핑크빛 하늘로 저를 위로하십니까?"

대지의 배꼽인양 땅 아래로 내려가는 듯한 곳에 위치한 마을이 바로 벨로라도Belorado이다. 마을 초입의 성당에서 서성이는 우리의 물집 주치의 호세Jose가 보인다. 반가움에 달려가 덥석 안았다. 여전히 그의 제스쳐는 재미있다. 근처의 바Bar에 앉아 우리 일행과 호세에게 점심을 대접했다. 호세는 웃으며 가위를 꺼내들고 자신이 직접 치료했던 내 새끼발가락의 실을 제거해 주는 호의를 베푼다. 재미있고 화기애애한 분위기에 한참을 노닥거렸다. 호세는 피곤한지 더 이상 걷지 않고 그곳에 여장을 풀겠다고 한다. 그날이 호세와의 마지막 작별의 날이었다. 마지막 만남에 식사라도 대접했으니 망정이지 그렇지 못했더라면 후회로 남을 뻔 했다. 영어를 전혀 할 줄 모르지만 매번 만날 때마다 우리에게 웃음을 선사했던 그를 우리는 순례를 마치는 그날까지 다시 만나지 못했다.

고난의 행군이 재개되었다. 60대 중후반의 영휠리는 참으로 다정다감했다. 우리는 영혼에 대해 얘기했다. 그러다 어머니 생각에 목이 메었다. 갑자기 말을 잇지 못하는 나의 등을 토닥토닥 두드려주며 위로해 주는 그녀의 마음이 가슴에 와닿는다. 우리 일행은 산중턱에 동굴교회가 있는 또산또스Tosantos에 여장을 풀었다. 숙소는 교구에서 운영하는 기부제 알베르게였다. 교구 알베르게에서는 오후 4시에 동굴교회로 순례자들을 인도한다. 동굴교회는 사암을 파서 만든 아담한 기도의 장소였다. 물론 과거에는 이곳에서 어린이들을 위한 학교도 운영했다고 한다. 사암을 파서 만든 성당 내부 구

동행

경을 마치고 모두가 밖으로 나간 사이 제단 앞에 무릎을 꿇었다. 그리고 어머니의 영혼을 구원해 줄 것을 간청하는 기도를 드렸다. 동굴교회에서 기도를 드렸기 때문일까? 아니면 기도를 들은 어머니의 영혼이 나를 보살핀 것일까? 그날 밤은 빈대나

또산또스의 동굴교회

모기의 공습이 전혀 없어 포근한 잠을 청할 수 있어 좋았다.

아~! 베드버그가 없어 행복하다.

| 익숙치 않은 이별에 눈물 흘리다 |

Tosantos → Agés

항상 아침에는 마음의 평화가 찾아들곤 했었다. 하지만 오늘은 조금 색달랐다. 알베르게를 나서는데 영휠리가 일찍 일어나 나를 배웅한다. 누님으로 불렀던 영휠리가 지금까지의 여정을 접고 미국으로 귀국하는 날이기 때문이다. 가벼운 포옹으로 작별 인사를 대신하고 어두컴컴한 새벽길을 떠나는 나의 뒷모습을 애잔하

아무도 없는 고독한 길

게 바라보는 영휠리. 나의 발걸음이 무거워졌다. 몸을 돌려 그녀에게 다시 다가가 또 한 번 잘 가라는 인사를 나눴다, 그동안 동행해 줘 고맙다는 말과 함께. 자꾸만 고개를 돌려 그녀를 바라보는데 그녀는 내가 시야에서 사라질 때까지 그 자리에 서 있었다. 나이가 들면 눈물이 많아진다는데 그 말이 맞는가 보다. 어느새 내 눈가에 촉촉한 이슬이 맺힌다. 지금 헤어지면 언제 다시 볼 수 있을까? 영휠리는 미국으로, 나는 한국으로 서로 갈 길이 다른데 아마 영영 보지 못할지도 모른다. 은정모녀도 오늘 이곳에서 버스를 타고 부르고스Burgos로 점프한단다. 한꺼번에 일행과 생이별을 하게 된 것이다. 며칠 되지 않았지만 서로 의지하며 보냈던 나날이 즐거웠다. 이제 철저하게 혼자 남았다. 외로움이 밀려온다. 오늘따라 까미노에는 사람이 한 명도 보이지 않는다. 마음이 울적하다. 하늘이 울적한 내 마음을 닮았는지 먹구름이 잔뜩 몰려왔다. 중세 순례자들을

동행

괴롭혔던 도적들이 많기로 유명한 오까산의 깔딱고개에 이르자 비가 내리기 시작했다. 오랜만에 판초우의를 꺼내 입고 길을 걸었다. 홀로 산정의 평지를 걷고 또 걷는데도 사람을 볼 수 없었다. 빗속에 잠시 휴식을 취하는데 저 멀리서 안드레아가 걸어오고 있는 게 아닌가. 만남과 헤어짐은 반복되는 일상이다. 그래도 그가 유독 반가운 이유는 그의 따뜻한 마음에 경의敬意를 품고 있었기 때문이었다. 산티아고 순례길 어느 곳에서 만나도 주변 사람들을 위해 손수 요리에 뒤처리까지 담당하는 그는 매력적인 남자였다. 사실 하루의

일정이 끝나면 피곤하여 아무 일도 하고 싶지 않은데 그런 가운데에서도 자신이 먼저 궂은일을 도맡아하는 그가 보기 좋았다. 나라면 저렇게 할 수 있을까? 나는 그렇게 못한다. 남을 배려하

아헤스 마을의 구멍가게

지 못해서라기보다 내 몸이 피곤해서다. 산속 평지에 자리 잡은 아헤스Agés의 사설 알베르게에 짐을 풀었다. 이곳에는 단체 순례자들을 비롯한 한국인이 많이 투숙하고 있었지만 은정모녀와 영휠리를 떠나보낸 나는 무인도에 홀로 남은 사람인 양 고독 속으로 빠져들었다. 역시 인간은 홀로 살 수 없는 사회적 동물인가 보다.

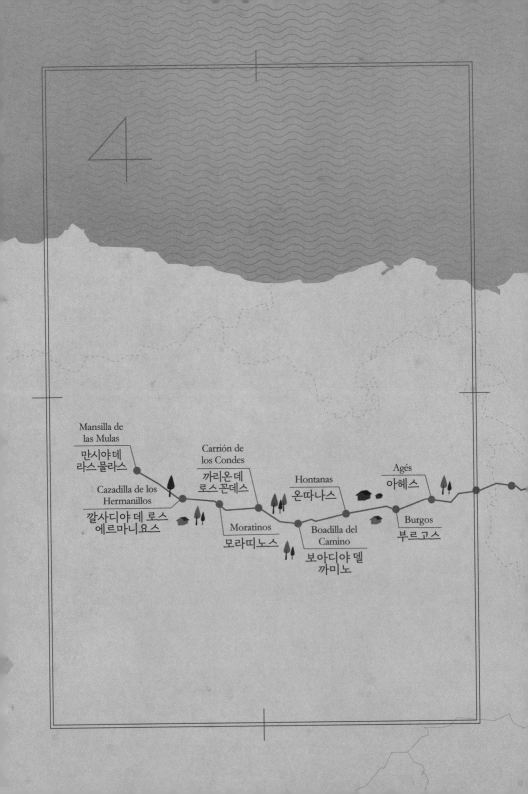

4

Mansilla de
las Mulas
만시야데
라스물라스

Cazadilla de los
Hermanillos
깔사디야 데 로스
에르마니요스

Carrión de
los Condes
까리온 데
로스꼰데스

Moratinos
모라띠노스

Hontanas
온따나스

Boadilla del
Camino
보아디야 델
까미노

Agés
아헤스

Burgos
부르고스

|우리 젊은이들은 외국인을 좋아한다|

Agés → Burgos

부르고스Burgos로 가는 길은 캄캄
했다. 안드레아를 비롯하여 한국인
일행 6명이 서로 의지하며 휴대폰의
라이트를 등대 삼아 길을 걸었다. 워
낙 추운지라 다음 마을에서 옷을 꺼
내 입느라 시간을 지체했지만 여전히
새벽의 여신은 다가오지 않았다. 우
리 앞에서 걷던 이태리 청년 빠삐오
도 어둠 속에서 길을 잃지 않으려고
내 뒤로 따라붙었다. 아따뿌에르까

한 밤의 나무십자가

Atapuerca 마을을 지나 너덜지대의 언덕에 올라서자 어둠의 상징인 양 나무십자가가 양팔을 벌리고 우리를 기다고 있다. 과거에는 동트는 붉은 빛을 배경 삼아 사진을 촬영했었는데 도무지 동이 틀 기미가 보이지 않는다. 일행 중 두 명에게 양쪽에서 휴대폰 라이트로 십자가를 비추도록 하고 사진을 촬영했다. 나중에 보니 제법 잘 나왔다. 흐흐~~ 내 실력이 이 정도다! 스스로 만족하는 칠푼이가 바로 나다.

오늘은 순례자 숙소인 알베르게에서 자지 않기로 했다. 안드레아를 비롯한 7명이 숙박시설 임대 앱app인 '에어비앤비Air B&B'를 통해 한 아파트를 얻어놓은 것이다. 비용은 각자 분담하였다. 이곳에서도 안드레아의 봉사정신이 빛을 발한다. 젊은 여성 3명과 나를 포함한 남성 3명이 별로 일을 하지 않는데도 안드레아는 자신이 요리에서부터 상차림, 설거지까지 자청한다. 그러니 그의 주위에는 항상 사람들이 모여든다. 그는 산티아고 순례를 마칠 때까지 일행들을 위한 봉사를 그치지 않았다. 같은 가톨릭교도로서 배울 점이 많은 사람이었다. 이런 사람이 조금만 더 있다면 우리 사회는 봉사와 사랑으로 넘칠 텐데….

창세기 18장 16-33절의 내용을 간략히 요약해 본다면, 주님께서 소돔과 고모라에 대한 원성이 너무 크고, 그들의 죄악이 너무나 무겁다며 직접 그 지역에 내려가 죄악을 파악하겠다고 하자 아브라

동행

함은 "성읍 안에 의인 쉰 명이 있다면, 그래도 쓸어버리시렵니까?" 하고 물었다. 주님께서는 소돔 성읍 안에서 의인 쉰 명을 찾을 수만 있다면, 그들을 봐서 그곳 전체를 용서해 주겠다고 약속하셨다. 그러나 의인이 어디 있겠는가. 아브라함의 계속적인 간청에 마흔다섯 명, 마흔 명, 서른 명, 스무 명을 찾아도 용서해 주겠다고 약속한다. 그러나 스무 명의 의인조차도 없었다. 결국 아브라함은 주님께 "혹시 제가 의인 열 명을 찾을 수 있다면……?" 그러자 주님께서 말씀하셨다. "그 열 명을 보아서라도 내가 파멸시키지 않겠다." 결국 소돔성은 의인 10명이 없어 멸망하고 만다.

여기서 창세기 주님의 말씀을 거론하는 것은 안드레아가 의인에 속할 것이라는 생각에서다. 알베르게에 늦게 도착한 순례자를 위해 손수 지은 밥을 나눠 먹는가 하면 자신의 약조차도 순례자들과 공유한다. 어떤 일을 하던지 힘든 일은 자신이 먼저 나섰다. 요즘처럼 자신만을 생각하는 시대에 타인을 위해 자신의 몸을 희생하는 사람이 어디 있단 말인가. 안드레아야말로 까미노 의인 중 한 명이 아니겠는가.

부르고스의 밤. 세 젊은 여성이 한밤중에 부르고스 대성당 관람을 하겠다고 한다. 늦은 밤이라 보디가드와 여행 가이드를 겸해 숙소를 나섰다. 젊은 여성들만 밤거리를 걷는다면 위험할 수 있어서였다. 세 여성들은 외국인이 한국 남자보다 훨씬 호감이 간다며 재

부르고스 대성당의 야경

잘거린다. 오늘 새벽에 같이 걸었던 이태리 청년 빠삐오의 푸른 눈
이 멋있다며 외국인과 결혼해야겠다는 말도 서슴없이 내뱉는다.
그러면서 앞으로 일정이 많이 남았으니 멋진 외국인과 잘 사귈 수
도 있을 거라고 말한다. 그처럼 외국 남자가 좋은가? 하기야 푸른
눈과 금발, 훤칠한 외모의 외국인을 싫어할 사람이 어디 있겠느냐
만은 나도 한국 남자로서 자존심이 약간은 상하는 듯…. 대성당 광
장을 서성이던 세 여성들이 갑자기 시야에서 사라져 버렸다. 한 시
간쯤 흘렀는데도 그녀들이 나타나질 않아 걱정스런 마음에 성당

주변을 뛰어다녀 봤지만 허사였다. 찾다 지쳐버린 나는 혹시나 하는 마음에 숙소로 되돌아와 그녀들을 찾아봤지만 그녀들의 침대는 텅 비어있었다. 다시 성당으로 가려는데 그녀들이 여유롭게 걸어오는 모습이 보였다. 나중에 그녀들에게 왜 갑자기 사라졌느냐고 물어보니 그냥 주변을 돌아다니다 성당을 거치지 않고 숙소로 왔단다. 성당 앞에서 자신들을 기다려 주는 사람은 안중에도 없었던 것이다. 허탈한 마음으로 잠을 청했다.

| 신부님에게서 작은 철 십자가를 받다 |

Burgos → Hontanas

알베르게가 아닌 포근한 숙소 때문이었는지 아침 7시 30분이 되어서야 눈을 떴다. 화들짝 놀라 배낭을 서둘러 꾸리고 길을 나섰다. 오늘은 유달리 태양이 강렬했다. 푸르디푸른 하늘이 아름다웠지만 얼굴에 흐르는 땀을 닦느라 하늘을 감상할 시간도 없었다.

잠을 잘 잔 탓에 발걸음이 가벼워 순식간에 오르니요스 델 까미노Hornillos del Camino 마을에 도착했다. 5년 전 아내와 이곳에 도착하여 바bar에서 점심을 느긋하게 먹다 한 곳뿐인 시립 알베르게의 모든 침대가 순례자들에게 점령되는 줄도 몰랐다. 그때 우리는 어쩔 수 없이 드넓은 벌판에 외롭게 홀로 자리를 지키고 있는 아로요 산

볼Arroyo San Bol의 알베르게까지 힘들게 걸어갔었다. 편안한 마음과 느슨한 자세로 바의 귀퉁이에 앉아 점심 식사를 하며 옛일을 회상했다. 5년 전 아내와 그곳에 머물 때 아로요 산 볼의 알베르게 옆에는 샘물이 펑펑 솟아나 빨래하기에 좋았고, 해가 지자 무서울 정도로 적막감이 감돌았었다. 샘물이 솟아나 시냇물을 이뤄서 인지 그곳 마을의 이름이 시내물이라는 의미의 아로요Arroyo라는 단어가 포함돼 있었다. 물이 있으면 사람도 살게 마련이다. 옛날에는 많은 유대인들이 이곳에 거주했으나 무어인들을 이베리아 반도에서 몰아낸 이사벨라 여왕이 유대인들에게도 추방령을 내리자 유대인들이 모두 떠나고 폐허만 남게 되었다는 곳이다.

오르니요스 델 까미노 마을 끝자락에 성당이 하나 있었다. 순례자들을 위해 수녀님 한 분이 앉아 축복기도를 해주는 성당이었다. 성당 안으로 발을 옮겼다. 그리고 조용히 무릎을 꿇고 돌아가신 모든 이들의 영혼을 위한 기도를 드렸다. 나의 모습을 바라보던 수녀님이 잠깐 오라고 한다. 수녀님은 나를 위해 기도를 하고 조그마한 목걸이를 선물로 주었다. 행운의 목걸이라 한다. 슬그머니 기부함에 유로화를 넣고 밖으로 나왔다.

점심 식사를 마친 나는 넓디넓은 평원을 걸어 아로요 산 볼 알베르게 곁을 지나갔다. 주민이 사라진 평야는 푸른 하늘과 고요함만이 남아 무서우리만큼 적막했다. 어린 시절 외딴집에 살았던 나

온따나스 마을 입구

는 학교에서 돌아오면 아무도 없는 시골집에서 나 혼자만의 적막에 접하고는 무서워했었다. 그때 어디선가 일을 하던 어머니가 들어오면 그렇게 반가울 수 없었다, 마치 구세주를 만난 것처럼. 어머니께서도 저 세상에서 우리들을 그리워하고 있겠지? 이런저런 생각을 하는데 갑자기 서러움에 목이 메어 왔다. 추억은 그리움을 낳고, 그리움은 모여 기도를 하게 만든다. 어머니를 부탁하는 묵주기도를 하면서 까미노를 걸어갔다.

오늘 여정의 종착지인 온따나스Hontanas에 짐을 풀고 저녁 6시에 맞춰 성당을 찾아갔다. 며칠 만에 어머니와의 추억을 그리며 신께 간절히 기도했다, 어머니의 영혼이 그분과 함께 하시기를. 미사를 마치자 신부님께서 순례자들에게 일일이 조그마한 철 십자가를 걸어주시며 축복기도를 해 준다. 그때 뒷좌석의 남자 한 명이 의자 아래로 쓰러지며 경련을 일으켰다. 얼른 다가가 마사지를 해 줬다.

다른 순례자들도 모여들었다. 경련을 하던 남자가 눈을 뜨며 자신은 당뇨환자인데 당이 떨어져 그랬노라며 아무 일 없다는 듯 일어나 걸어 나간다. 신부님께서 영어가 통하는 나를 불러 말했다. 그 분에게 무리하지 말고 자신의 사제관에서 쉴 만큼 쉬다가 가도록 얘기해 달라는 것이었다. 그러나 그분은 단체 순례자로 버스를 타고 다음 목적지까지 가면 되기 때문에 이곳에서 더 머물지 않고 그냥 가겠다고 했다. 물론 그들을 인솔하는 가이드도 있으니 내가 더 이상 간섭하는 것도 싫겠다 싶었다.

| 스페인은 마녀사냥에 회의적이었다 |

Hontanas → Boadilla del Camino

가을 순례길은 캄캄한 밤에 출발하는 것이 다반사다. 해가 늦게 뜨니 당연하다. 동이 틀 무렵 산 안똔 아치Arco de San Anton에 도착했다. 거대한 아치 옆에 허름한 바bar가 보인다. 옛날에는 없었는데 순례자들이 늘어나면서 새롭게 들어섰나 보다. 간단한 스낵과 커피로 식사를 대신하며 아침 안개가 걷히기를 기다렸지만 여전히 오리무중五里霧中. 산정에 옛 로마의 성이 있는 까스뜨로헤리스Castrojeriz를 지나쳐 대각선으로 언덕을 가로지르는 순례길에 올라섰다. 해발 1,050미터의 모스뗄라레스 언덕은 순례자들의 발걸음을 더욱 무겁게 만든다. 가쁜 숨을 몰아쉬며 정상에 도착하자 시원한 바람이 조용한 위로가 되어 나를 감싸 안았다. 이제 더 이상 언덕이 없겠지?

삐수에르가Pisuerga강 옆 중세의 아름다운 건축물을 그냥 지나쳤다. 너무 피곤하여 빨리 오늘의 종착지로 달려가고 싶어서였다. 알폰소 6세가 까스띠야와 레온 두 왕국을 통합한 기념으로 건축했다는 이테로 다리가 아직도 위용을 자랑하고 있었지만 배도 고프고 다리도 아파 천천히 구경할 여유가 없었다. 속도의 중압감에 굴복한 채 조금 더 걸어 이떼로 데 라 베가Itero de la Vega 마을 입구의 바bar에서 점심 식사를 한 뒤 오늘 여정의 종착지인 보아디야 델 까미노Boadilla del Camino로 향했다.

까미노 여정의 마을 중 두 곳에만 에스파냐의 문화자산인 심판의 기둥Rollo Juridiscional이 존재한다. 내가 점심 식사를 했던 '이떼로 데 라 베가' 마을과 이곳 '보아디야 델 까미노' 마을이 바로 심판의 기둥이 남아있다는 마을이다. 중죄를 범한 죄인들을 여러 마을로 끌고 다닌 뒤 묶어 놓고 심판했다는 기둥은 옛 역사를 잊은 듯 16세기 플랑드르 양식의 진수를 보여준다. 어느 사람은 이곳에 마녀를 묶어두고 심판한 뒤 화형에 처했다고 말한다. 그러나 이것은 틀린 말이다. 사실상 에스파냐와 이탈리아에서는 마녀사냥이 빈번히 이뤄지지 않았다. 여타 지역과 달리 에스파냐España, 영/Spain의 이단

심문은 유대인 개종자인 꼰
베르소Converso와 무슬림 출
신의 개종자인 모리스꼬스
Moriscos가 주된 대상이었다.
결론적으로 에스파냐의 종교
재판소는 마녀사냥에 회의적
이었다.

마녀의 기원은 오래전부
터 계속되던 토속신앙과 민
간 의술에 기초를 두고 있었
다. 옛날 전쟁이나 사고로 남
편을 잃은 여성들이 강인한
남성들의 폭력을 피해 외떨
어진 산기슭에 홀로 살면서

보아디야 델 까미노 마을에 있는 심판의 기둥

약초를 캐어 연명했다. 물론 자연에서 채취한 약초로 사람들의 병
을 치료하기도 했을 터…. 시간이 흐름에 따라 약초의 영험함이 주
술적인 힘인 양 과장되어 무속인으로 변모하기도 했다. 이러한 약
초와 주술의 힘을 이용하는 사람을 마녀, 혹은 마법사라고 불렀다.
마녀는 토속신앙에서 나쁜 것만은 아니었다. 흑마녀는 주술로 악행을 저질렀으나, 백마녀는 선행을 행하였으니 말이다. 그만큼 마녀는 일상에서 흔하게 접할 수 있는 미신이었다.

그런데 흑사병의 창궐, 전쟁으로 인한 기아와 참담함, 종교분열로 인한 피폐가 민심을 흉흉하게 만들었다. 힘없이 홀로 살던 여성 주술사는 희생양을 필요로 하던 종교 및 정치권력에게 아주 훌륭한 먹잇감이 되었다. 마녀로 고발된 사람들 중 대부분이 홀로 사는 과부나 무녀들이었다는 사실이 이를 증명한다. 돈 많은 과부들의 재산을 빼앗기 위해 무차별적으로 마녀로 고발된 사례도 적지 않았다고 한다. 마녀사냥이 가장 심각했던 곳은 가톨릭권에서는 독일, 개신교권에서는 주로 영국 북부의 스코틀랜드와 미 매사추세츠 주州였다. 마녀사냥은 1682년 루이 14세가 마녀들의 행위는 단순한 미신이라는 칙령을 내림으로써 프랑스에서 마녀재판을 종식시키는 계기가 된데 이어, 잉글랜드와 스코틀랜드에서도 마녀재판이 종료되었다. 18세기에는 독일과 스위스에서도 마녀재판을 종식시킴으로써 수많은 여성들을 공포에 떨게 만들었던 마녀사냥이 종료되었다. 마녀사냥의 결과 약초를 이용한 서양의 민간 의술은 온데간데없이 사라지고 말았다. 그래서 오늘날 약초를 이용한 한방 의학이 동양에만 있는 것이다. 뒤늦게나마 2003년 교황 요한 바오로 2세가 마녀재판을 교회의 잘못으로 인정한 것이 그나마 다행이다. 프랑스의 영웅 '잔 다르크'도 마녀라는 이름으로 1431년 처형되

었지만 그로부터 25년이 흐른 뒤 명예를 되찾았고, 또다시 464년
이 경과된 1920년에야 성녀聖女로 추대되지 않았던가. 우리 세상에
는 잘못하고도 잘못을 인정하지 않는 사람들이 얼마나 많은가. 그
럼에도 불구하고 2003년 교회의 잘못을 공식적으로 인정한 가톨
릭의 결단에 박수를 보낸다.

|진정한 구도자의 참모습을 보다|

Boadilla del Camino → Carrión de los Condes

　캄캄한 새벽 아무것도 보이지 않는다. 까미노에서 만남의 인연
은 지속된다. 까미노에서 여러 번 만난 적이 있던 글라라가 어젯밤
내가 묵는 알베르게에 뒤늦게 들어왔다. 이른 아침 같이 출발하기
는 하였지만 걷는 속도가 각자 다르다 보니 내가 앞서도 한참 앞섰
다. 어둠과 함께 걷다보면 길을 잘못 들기 일쑤다. 뒤에 따라오는
글라라가 걱정되어 잠시 서서 기다려 주기를 서너 번, 어둠에 잠긴
까스띠야 운하를 따라 이어진 둑길을 걸어갔다. 여명이 찾아들고
붉은 해가 떠오르기를 기다렸지만 하늘에는 온통 구름뿐 아름다
운 새벽하늘을 감상하기는 틀렸다. 그저 어둠의 커튼이 걷힌 것만
으로 만족해야 했다. 까스띠야 운하의 끝자락에 있는 프로미스따
Frómista 마을의 카페테리아에서 글라라와 아침 식사 대용으로 '카

앞뒤로 걷고 있는 지인, 지영 스님

페 콘 레체밀크커피' 한 잔을 마시며 새벽 추위를 몰아냈다. 손이 시려오는 추위 속에 따뜻한 커피 잔을 손으로 감싸 어루만지는 감촉이란 세상의 그 무엇과도 바꿀 수 없는 행복이었다.

탄탄한 차로 곁을 따라 반듯하게 걸어가는 길에서 특별한 인연을 만났다. 스님이었다. 그동안 지인, 지영 스님과의 인연은 끊이지 않고 만났다 헤어지기를 반복했다. 순례길을 걷는 동안 만남과 이별이 반복되지만, 두 분 스님처럼 만나면 반갑고 헤어지기 아쉬운 사람은 드물었다. 순례를 시작한 둘째 날 한적한 시골 마을의 바bar에서 스님을 만났다. 비구니比丘尼 스님이 가톨릭의 순례길을 걷는 점이 너무 독특해 보여 의자에 앉아 있는 지영 스님에게 질문을 한 적이 있었다.

"스님! 불교도이신 스님께서 어떻게 가톨릭교도의 길로 알려진 산티아고 순례길을 걸으시나요?"

"성지잖아요. 훌륭한 성인들의 흔적을 찾아가는데 종교가 따로 있나요?"

우문愚問에 현답賢答이다. "맞아요. 이 길을 걸음으로써 하느님의 사랑과 부처님의 자비를 다 같이 체험할 수 있을 겁니다."라고 맞장구를 치면서, 부처님의 자비가 깃든 넉넉한 그분의 마음이 내 가슴에 와닿음을 느꼈다. 800킬로미터를 걷는 고통도 마다하지 않고 신의 향기를 맡으러 온 두 분 스님에게 마음의 인사를 드렸다. 걷기 시작한 지 6일째 되던 날에도 로스 아르꼬스Los Arcos의 산타마리아 대성당에서 저녁 미사에 참석 중인 두 분 스님을 또 다시 만났다. 미사가 진행되는 내내 스님들은 천주교 절차에 따라 합장하며 기도를 드리고 있었다. 미사가 끝나자 웅장하고 금색창연金色蒼然한 제대 앞에 무릎을 꿇고 나만의 독특한 묵상기도를 드렸지만 내 머릿속에는 두 분 스님의 모습이 떠나질 않았다. 물론 어디에서나 스님을 보면 깍듯하게 인사를 드렸지만 그 뒤부터는 거기에 존경심까지 더하여 예를 표했다.

순례자는 만남과 이별의 쳇바퀴 속에서 까미노를 걸어간다. 조용히 길을 걷고 싶어 발걸음을 빨리했다. 굴곡이 없는 평탄한 길은 오르막과 내리막을 연거푸 걸어온 나에게 평화로움으로 다가왔다. 마음도 저절로 평화스러워졌다. 까마득히 길게 일직선으로 뻗은 순례길을 터벅터벅 홀로 걸어가는 도중 앞서가던 두 분 스님을 다시 만났다. 두 개 마을을 지나치는 6킬로미터의 거리를 함께 걸으며 나의 사연을 조심스럽게 얘기했다. 종교를 불문하고 두 분 스님께서 나의 어머니를 위해 기도해 주기를 바라서였다. 지인 스님은 나의 얘기를 듣고 조용하게 말씀하셨다.

"신께서 어머니의 영혼을 틀림없이 보살피실 겁니다. 어머니께서도 지금 함께 이 길을 걷고 계실 것이니까요. 대학 교수직도 그만두고 어머니의 영혼을 모시고 이 길을 걷는다는 것은 인간이 가장 떨쳐버리기 힘들다는 오욕(五慾, 식욕·색욕·탐욕·수면욕·명예욕) 중에서 최소한 탐욕과 명예욕은 버렸다는 뜻이 아니겠어요? 그러니 얼마나 힘든 결단이 필요했겠어요."

까미노를 따라가는 두 분 스님의 뒷모습은 종교는 다를지라도 신의 사랑과 자비를 좇아가는 진정한 구도자의 모습 그 자체였다. 하기야 내가 좋아하는 수원 교구 이기수요아킴 신부님께서 '불교는 고통으로 인하여 해탈하고, 기독교는 고통을 통하여 부활한다.'고 하지 않았던가.

"신이시여! 그들의 여정을 보살피시어 산티아고까지 무사히 걷도록 도와주소서."

오늘의 종착지인 까리온 데 로스 꼰데스Carrión de los Condes에는 수녀님들과 전직 수녀님들이 운영하는 알베르게가 있었다. 알베르게에 도착하여 여장을 풀고 시원한 샤워와 빨래까지 마치자 여유로운 행복이 밀려왔다. 여유로운 휴식의 저편에서 글라라가 마치

약속이나 한 것처럼 알베르게의 문을 열고 들어온다. 우리의 만남
은 아직도 끝나지 않았는가 보다. 저녁시간 인근 성당에서 수녀님
들의 기타와 노랫소리에 맞춰 미사가 진행되었다. 꾀꼬리 같은 음
색에 탄복을 하지 않을 수 없었다. 이 또한 순례길의 피로를 풀어주
는 신의 선물이 아니겠는가.

"신이시여! 무거운 몸까지도 가벼운 마음으로 극복하게 해 주는
이 미사에 감사드립니다."

| 소파를 침대삼아 잠을 청하다 |

Carrión de los Condes → Moratinos

순례자들이 곤한 잠을 청하고 있는 한밤중, 부스럭거림에 잠을
깼다. 옆 침대에서 잠을 자던 글라라가 몸을 긁적거리며 잠을 이루

동행

메세타 평원의 쉼터

지 못하고 뒤척이고 있었다. 무슨 일이냐고 물어보니 베드버그bed
bug가 목과 팔을 물어 가려워서 잠을 이루지 못한단다. 그녀의 침낭
을 들고 밖으로 나가 베드버그가 떨어지도록 힘껏 털었다. 그리고
침낭에 벼룩이나 빈대가 있는지 한참을 살핀 다음에야 침대에 다
시 길게 펴주었다. 나는 가려움이 가라앉을 때까지 복도에 앉아있
는 그녀와 함께 있어주는 게 사명인 양 마냥 앉아있었다. 나중에 그
녀 일행 중 한 명에게 들은 얘기지만 그녀는 잠을 자지 않고 자신이
졸릴 때까지 함께 있어준 내가 무척이나 고마웠다고 한다. 순례는
가슴을 여는 것, 그리고 마음을 나누는 것이다. 그래서 나는 아무렇
지도 않게 생각했는데 고맙게 여기는 그녀의 마음이 더 고마웠다.

　가도 가도 끝이 없는 메세타 평원에 차가운 바람이 세차게 불어
온다. 넓디넓은 평원을 자유롭게 휘저어대는 바람이 원망스러웠
다. 앞으로 마을 없는 평원 17km를 걷는 동안 바람이 내 맨몸을 유

린하도록 놔둘 수밖에 없었다. 터벅터벅 걸어가는 순례자의 발걸음에는 한기寒氣도 어찌할 수 없는 행복감이 스며있다. 얼마를 걸어갔을까? 저 멀리 길가에 절퍼덕 주저앉아 옷을 닦고 있는 지영 스님의 모습이 보였다. 두 분 스님과 함께 걷던 단체 순례자 중 한 사람이 물이라며 추천해 줬던 음료가 사이다였단다. 뚜껑을 열자마자 "펑" 소리와 함께 사이다가 스님 옷자락으로 분수처럼 쏟아졌다고 한다. 물인 줄 알고 무심결에 병뚜껑을 땄던 지영 스님이 날벼락을 맞은 것이었다. '알려주려면 제대로 알려줄 것이지. 승복만 버렸잖아.'라고 혼잣말을 중얼거리는데 두 분 스님은 가게도 없고 식당도 없는 평원에서 목이나 축이라며 나에게 음료수 한 병을 선물한다. 고마운 분이다.

떼라디요스 데 로스 뗌쁠라리오스Terradillos de los Templarios의 알베르게에 도착했지만 이미 한국인 단체 순례객이 모두 예약을 했다고 한다. 원래 알베르게는 도착하는 순서대로 투숙이 가능하지만 사설 알베르게는 예약도 받는가 보다. 어쩔 수 없이 다음 마을까지 홀로 시골길을 걸어갔다. 저 멀리 오른쪽으로 산 아래에 구멍을 뚫은 것 같은 와인 저장고가 보인다. 5년 전 아내와 이 길을 걸을 때 이곳 바bar에서 뜨거운 커피로 추위를 날려 보냈던 모라띠노스Moratinos 마을이다. 그때도 무척이나 추웠는데 이번에도 여지없이 춥기만 하다. 이곳의 바bar에서 운영하는 사설 알베르게도 이미

동행

순례객들로 만원이었
다. 나는 주인에게 양해
를 구하고 응접세트의
소파에서 자기로 결정했
다. 쿠션을 모두 걷어내
고 바닥만 남은 소파에
누우니 편안하기 그지없

나만의 전용 소파침대

었다. 거기에 더하여 소파 앞의 탁자는 저절로 나만의 전용 책상이
되었으니 좋아도 이처럼 좋을 수가…. 소파는 넓고 깨끗하여 베드
버그도 없을 것 같아 저절로 흥이 났다. 사실 베드버그 때문에 매일
밤 공포에 떨었다. 5년 전 봄에 까미노를 걸었을 때는 베드버그를
본 적이 없었다. 그런데 가을 순례길에는 베드버그가 문전성시 아
닌가. 아마도 여름철 땀에 젖은 순례객들이 지나가고 난 뒤라 침대
가 더러워져서 그런 게 아닌가 싶다.

그때 4인 1실의 방에 있던 한 미국인 여성이 침대 사이에서 베드
버그를 발견하고는 허겁지겁 주인을 불렀다. 주인이 살충제를 뿌
리고 호들갑을 떨었지만 그 여성은 도저히 그곳에서 잘 수 없을 것
같다며 출입문 곁의 또 다른 소파에 자신의 침낭을 폈다. 그 여성은
어땠는지 몰라도 나는 그날 밤 베드버그 없는 넓고 푸근한 소파에
서 편안하게 잠이 들었다. 내일도 오늘만 같았으면….

|그리움은 추억의 전리품이다|

Moratinos $\longrightarrow$ Cazadilla de los Hermanillos

사아군을 지나 대부분의 순례자들이 걷는 직진 코스에서 우측으로 벗어났다. 로터리에서 직진하지 않고 오른쪽 고가 다리를 건너자 깔사다 데 꼬또Calzada del Coto 마을이 나타났다. 우측으로 접어드는 코스는 순례자들이 거의 걷지 않는 한적한 길이다. 그동안 북적거림 속에서 걸어가던 것과는 달리 나 혼자만의 고독한 행군이 계속되었다. 쨍쨍 내리쬐는 햇볕이 오히려 적막감을 부추긴다. 무섭도록 고요하다. 완전한 고립 속에서 저절로 추억 속으로 빠져들었다.

몇 시간의 고독도 힘든데 홀로 30여 년을 시골집에서 살아왔던 어머니께서는 얼마나 외로웠을까? 자식들은 모두 객지에서 살고, 막내아들이라는 나조차도 바쁘다는 핑계로 어머니를 찾아뵙는 것을 등한시했다. 바쁘다는 것은 핑계일 뿐 나의 나태함이 어머니를 더 고독 속에 방치했다는 생각이 머릿속에 맴돈다. 목덜미를 따갑게 때리는 햇살도 잊은 채 어머니에 대한 추억을 회상하며 걸어갔다. 갑자기 그리움이 파도처럼 밀려왔다. 이제 보고 싶어도 볼 수 없는 하늘나라의 어머니를 묵상하며 나무그늘 사이에 길게 펼쳐진 순례자 쉼터에 드러누웠다. 하늘에는 흰 뭉게구름 한 점이 유유자

내 마음 갈 곳을 잃어

적 흘러간다. 푸르른 하늘이 나의 감성을 자극했다. 아련히 떠오르는 과거의 추억이 더욱 어머니를 그립게 만들었다. 머릿속에 켜켜이 쌓인 추억이 그리움을 낳고 있었다.

순례자 쉼터는 마을 초입을 1~2km 남겨둔 곳에 있었다. 누워서 하늘을 응시하며 하염없이 추억에 잠겨 있는 내게로 한 순례자가 다가왔다. 대부분의 순례자들이 직진 코스를 택하는데 나처럼 우측으로 벗어난 코스로 걸어오는 순례자는 처음 본다. 반갑게도 귀에 익숙한 말을 하는 한국인이다. 그는 교장 선생님으로 근무하다 퇴직한 직후 여행사에서 모집한 단체 순례자로 참여해 이 길을 걷고 있다고 한다. 얘기를 나누다 보니 그의 일행 20여 명은 모두 직진했는데 유독 그만 우측으로 잘못 들어온 것이었다. 내일 두 개 코

아무도 없는 한적한 순례길

스가 합류하게 되니 오늘은 그냥 이 길을 걸으라는 나의 충고도 무시하고 무작정 일행이 있는 곳으로 가야 한다고 고집을 부리는 그가 약간 얄밉기도 했지만 어찌하랴! 그나마 영어를 할 줄 아는 내가 나서서 해결해 줘야 될 판이다. 깔사디야 데 로스 에르마니요스 Cazadilla de los Hermanillos 마을에 도착하자마자 초입의 카페테리아 겸 사설 알베르게의 여주인에게 영어와 짧은 스페인어를 써가며 사정을 얘기하고 택시를 불러줄 것을 간청했다. 그녀는 워낙 촌구석이라 택시는 오지 못한다며 정 가겠다면 자신의 승용차로 직접 태워다 줄 수밖에 없다고 한다. 내가 그곳 사립 알베르게에 머무르는 조건으로 그녀에게 그를 태워다 줄 것을 부탁했다. 그는 영어도 할 줄 모르고 더 더군다나 스페인어는 아예 깡통이니 어찌하겠는가. 영어와 스페인어를 섞어 통역해 주고 있다는 이유 하나만으로 내가

동행

마치 죄인이나 된 듯 사정할 수밖에. 그런데 바로 그 앞에는 시립 알베르게Albergue Municipal가 있었다. 주방을 갖춘 알베르게는 5유로이며 투숙하는 사람도 없어 내가 가면 홀로 독차지 할 수 있었지만 어찌할 수가 없었다. 그날 밤 나는 무려 20유로의 숙박비에 10유로의 순례자 식사를 하는 호화로움을 떠맡아야 했다. 그곳은 말만 사설 알베르게일뿐 실제로는 우리나라의 모텔과 같은 시설이었다.

다음 날 교장 선생이었다는 그분을 만날 수 있었다. 그런데 이상한 것은 나에게 고맙다는 말 한마디도 하지 않고 모른 척하는 것이었다. 어떻게 저런 사람이 교장까지 했을까 하는 생각에 일부러 그에게 다가가 "어제 선생님 덕분에 고급 모텔에서 잠을 자고 고급 식사까지 하느라 예산이 펑크 났습니다"라며 농담조로 말을 건넸다. 그런데 그의 반응이 묘했다. '미안하다' 또는 '고맙다'라는 말 한마디면 될 것을 그냥 휑하니 다른 곳으로 가버린다. 물론 나에 대한 미안함 때문에 일부러 모른 척 했을 수도 있겠지만 배은망덕한 인물이라는 나의 생각은 결코 변하지 않았다. 그때 그의 일행인 듯한 중년의 남자가 나에게 다가와 말을 건넸다.

"그 사람은 여럿이 모여 식사를 하는데도 각자 내야 될 몫을 지불하지 않고 당연히 대접받은 것으로 생각해요. 그래서 일행들에게도 왕따를 당하고 있어요. 그런데 중요한 것은 자신이 왕따를 당하고 있다는 사실을 그 사람만 모른다는 거예요."

|혼자만의 까미노를 걷다|

Cazadilla de los Hermanillos → Mansilla de las Mulas

순례자가 없는 까미노를 따라가야 한다는 부담감 때문에 오스딸(Hostal, 모텔)주인에게 길을 물었다. 그는 무조건 '또도 렉또Todo recto'를 외쳐댄다. 스페인어로 곧장 직진만 하라는 소리다. 컴컴한 새벽길 왜 그리도 사거리가 많은지. 그러나 무조건 직진에 직진을 거듭했다. 산티아고 가는 길이라는 표지판도 거의 없다. 어제에 이어 오늘이 이틀째인데도 혼자 걷는다는 것 자체가 외로움이었다. 뒤에서 떠오르는 태양빛에 긴 그림자가 나보다 훨씬 앞서서 걷고 있었다.

철길이 있는 곳에서 왼쪽으로 방향을 틀었다. 그곳에 노란색 화살표가 있었기 때문이다. 까미노에서 길을 잃었을 때는 노란색 화

옥수수밭 순례길 위로 떠오르는 태양

살표를 찾으면 된다. 산티아고 가는 길은 노란 화살표로 방향을 알려주기 때문이다. 저 멀리 길가에 자동차들이 주차돼 있었다. 호기심 어린 눈으로 주위를 둘러보니 나를 향해 대여섯 명이 풀숲을 헤집으며 다가오고 있었고, 그들 곁에 사냥개 두 마리가 따라왔다. 노루나 토끼를 쫓는 사냥꾼이었다. 일전에 사냥꾼의 총성을 들었던 터라 그들에게 총을 쏴서 사냥을 하느냐고 물어봤다. 그들의 대답은 'No'였다. 몰이꾼들의 소리에 놀라 토끼나 사슴이 풀숲에서 뛰쳐나오면 사냥개가 쫓아가 잡는단다. 정말로 그들의 손에는 총이 들려있지 않았다. 총을 쏘지 않으니 순례자들에게 위협이 되지 않아 다행이다. 한참을 서서 그들을 지켜봤지만 토끼나 사슴이 뛰쳐나오는 광경은 보지 못했다. 이곳 까미노는 지나가는 사람이 드물어 몰이식 사냥 장면을 나 혼자만의 추억으로 간직해야겠다.

정오가 다 되어 그냥 오른쪽으로 구부러지는 큰길을 따라가면 될 일을 왼쪽으로 방향을 틀어 렐리에고스Reliegos 방향으로 향했다. 오늘 24km만 걸으면 될 길을 26km로 늘린 것이다. 이유야 간단했다. 순례자들로 북적이는 삶의 현장에 합류하고 싶었기 때문이다. 렐리에고스 마을 옆으로 다가서자 와인 저장고가 산을 이루고 있었다. 직진하는 순례자들은 결코 보지 못했을 장관이다. 바에 들어서니 한국인 단체 순례자들로 북적인다. 이제야 사람 사는 곳 같았다. 양말을 벗고 시큰거리는 발목을 주무르다 큰 물집을 하나 발견했다. 배낭에서 손톱깎이를 꺼내 물집 앞부분에 구멍을 내고, 구멍을 제외한 부위에 실리콘 밴드Compad를 붙였다. 이것도 나름 노하우다. 구멍을 남겨놓은 이유는 걸을 때마다 앞쪽으로 물이 빠져나가게 하는 것이고, 나머지 물집 부분에 밴드를 붙이는 것은 발바닥이 아프지 않도록 하기 위함이다. 물집 안의 물이 외부로 흘러나가야 물집

동행

이 더 커지지 않는다.

한국인 단체 순례자들은 모두 만시야 데 라스 물라스Mansilla de las Mulas 초입의 알베르게에 머물렀다. 나는 마을 깊숙이 들어가 시립 알베르게를 찾아 들어갔다. 마침 방의 귀퉁이에 침대가 하나가 있었다. 나만이 사용할 수 있는 전용 공간이다. 베드버그만 없다면 오늘 밤은 행복할 것 같았다. 이곳 알베르게에는 한국인이라고는 오로지 나뿐 모두가 외국인이었다. 그때 한 외국인이 자신의 생일이라며 맥주를 한 컵씩 나눠주었다. 순례자는 나이, 성별 그리고 국적에 관계없이 우정을 나누는 친구다. 우리는 탁자를 사이에 두고 마주 앉아 맥주를 곁들인 즐거운 대화로 하루해를 접었다.

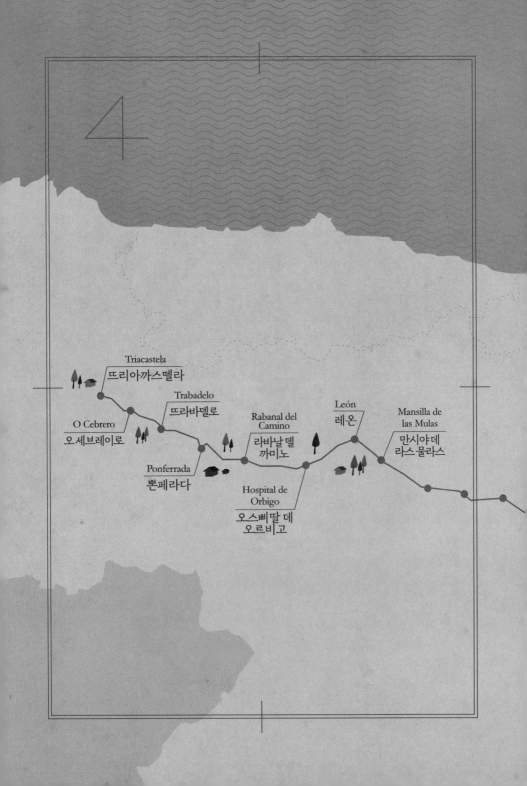

Triacastela
뜨리아까스뗄라

Trabadelo
뜨라바델로

O Cebrero
오세브레이로

Rabanal del
Camino
라바날 델
까미노

León
레온

Mansilla de
las Mulas
만시야데
라스물라스

Ponferrada
뽄페라다

Hospital de
Orbigo
오스삐딸 데
오르비고

넷째 주일 ‖ 기도

|로마 군단의 주둔지 레온에 도착하다|

Mansilla de las Mulas → León

기원전 8세기 로물루스는 로마를 건국했다. 로마는 기원전 3세기 한니발 장군이 이끄는 카르타고와의 전쟁에서 승리한 뒤 지중해의 패권을 장악하여 기원전 2세기경에는 에스파냐España를 속주로 삼을 정도로 강성했다. 로마는 에스파냐 전역에 도로를 건설하여 로마가도와 연결했고, 전략적으로 중요한 곳에는 도시를 건설하기 시작했다. 기원전 1세기 무렵 에스파냐의 북쪽 칸타브리아 산악지대에서는 금광 개발이 한창이었다. 광산에서 채굴된 금Gold은 로마로 흘러들어가 제국의 동전을 주조하는데 사용되었다. 에스파냐의 금은 로마제국의 번영에 핵심적인 역할을 담당하고 있었다. 그 대신 로마는 로마가도를 통해 건축, 문화, 체계적인 법률 등 선진

레온 대성당

문물을 에스파냐에 전해 주었다. 당시 로마가도는 소통과 교류의
고속도로나 진배없었다. 이때 로마가 금광 개발을 위해 건설한 도
시가 레온이었다. 전략적 요충지역이라 로마의 군단이 인근에 주
둔했다하여 로마 군단의 뜻을 지닌 레기온(Legión, 기병을 포함한 5,000
명 정도의 보병부대로 로마 군단이라 부른다) 이 도시 이름으로 정착되어
오늘날 레온León으로 불리고 있다.

　　레온 왕국의 첫 번째 관문이었던 만시야의 강변 성벽을 뒤로 한

동행

채 부지런히 걸어갔다. 레온León 시가지에 진입하기 직전, 바에 앉아 콜라로 목을 축이며 두 분 스님의 모습이 보이기를 고대했다. 왜냐하면 한국인 단체 순례자들은 내일 레온에서 하루를 쉬기 때문에 나보다 하루가 뒤쳐질 것이다. 내가 발걸음을 재촉하면 앞으로 못 만날지 모른다는 생각에서 두 분 스님에게 마지막 인사들 드리고 싶었다. 비록 짧은 기간이었지만 정情이 들어 버렸다. 그토록 기다리던 지인, 지영 스님이 헐레벌떡 뛰다시피 걸어왔다. 정중히 인사를 드리고 떠나려는데 스님이 나에게 작은 기념품을 하나 주었다. 지금까지의 여정에서 나의 마음속 응어리를 얘기했던 유일한 분들이었는데 헤어진다니 섭섭했다. 그런 나의 마음을 알아채기라도 한 듯 저녁 무렵 지인 스님께서 나에게 문자를 보내왔다.

"원래 계획은 되도록 가톨릭의 저녁 미사에 참석할 계획이었으나 걸음이 늦고 많이 지쳐서 이따금 들리는 작은 성당에서 기도 드리고 있으며, 묘지 주변을 지나칠 때에는 그 분들의 영면을 기도합니다. 그럴 때마다 당연히 귀하 어머님의 영면을 기원했고 앞으로도 기도드리겠습니다. 환한 미소와 열린 마음으로 저희를 반겨주시고 정성을 다해 저희를 축복해 주셔서 앞으로 남은 여정을 흔연하게 잘 맞이할 수 있을 것 같습니다. 어머님과 함께 하는 여정 늘 축복받으시길 기원 드립니다."

에스파냐 고딕양식의 최고 걸작으로 평가받는 레온 대성당의 스테인드글라스는 13세기에 시작되어 19세기에 이르러서야 끝이 났을 정도로 오랜 시간을 필요로 했다. 스테인드글라스가 차지하는 넓이만도 무려 1,800㎡에 달한다. 태양빛을 투과시켜 형형색색 화려하게 빛을 발하는 모습은 유럽예술의 최고봉을 보여주는 아름다운 광경이다. 성당과 관련된 갖가지 전설을 뒤로하고 인근 카페에 앉아 커피를 겸한 점심 식사를 주문했다. 값이 바가지 수준이었으나 성당을 마주하고 여유와 낭만을 즐길 수 있는 것만으로도 만족스러웠다. 레온 대성당에서 얼마 떨어지지 않은 곳에 에스파냐가 낳은 세계적 건축가 가우디가 건립했다는 건물이 새로운 명물로 레온을 빛내고

가우디 기념관

있다고 했다. 여기까지 왔는데 아무리 힘들어도 그곳을 아니 갈 수 없어 지친 다리를 이끌고 고풍스런 주변 건물과 어울리지 않는 건물 한 동을 찾아갔다. 가우디 기념관으로 단장하고 있다는 가우디의 건축물을 배경으로 기념 촬영을 하고 서둘러 숙소로 향했다.

오늘은 알베르게가 아닌 한인 민박집에 여장을 풀기로 했다. 베드버그가 없는 안락한 침대와 한식이 그리워서였다. 어렵사리 민박집을 찾아가니 단체로 순례를 하던 한국인 2명이 이미 배낭을 내

려놓고 휴식을 취하고 있었다. 그날 밤 글라라를 포함한 한국인 일
행은 한국식 반찬에 하얀 쌀밥으로 향수를 달랠 수 있어 행복했다.
이제 오늘이 지나면 한국인 단체 순례자들과 이별이다. 그리고 글
라라와도 이별이다. 온통 이별뿐이다. 그동안 조금은 왁자지껄했
지만, 그리고 가는 곳마다 한국인들이 북적거렸지만 내일부터는
그러한 번잡함은 없을 것이다. 밤은 깊어 가고 잠을 청할 때가 되었
다. 혼자 쓰는 방과 침대, 너무도 소중하게 느껴졌다. 슬그머니 손을
모아 하느님께 기도를 드렸다.

"주여! 평소에는 귀하지 않던 김치가 그렇게 귀했던 것처럼 그
동안 사소하게 여겼던 것들을 사랑하게 해 주소서. 더도 말고 덜도
말고 오늘 같은 행복이 앞으로도 제 주위에 머물게 도와주소서!"

오늘이 지나가고 내일도 흘러간 뒤, 시간이 흘러 각자의 자리로
돌아갔을 때 오늘이 어떻게 기억될까?

| 성모 발현 성당에 가다 |

León → Hospital de Orbigo

비르헨 델 까미노 마을Virgen del Camino까지는 딱딱한 콘크리트
길 일색이다. 무릎이 아픈 사람은 걷기에 최악이리라. 그나마 조금
위안이 된다면 아스팔트 도로 왼편에 용도 폐기된 와인 저장고가

비르헨 델 까미노 성당

운치 있는 정취를 풍기는 것으로 눈요기를 할 수 있다는 것이다. 비르헨Virgen은 영어의 처녀인 버진Virgin에 해당된다. 이러한 명칭은 성모 마리아가 처녀의 몸으로 예수를 잉태한 것에 비유한 것이다. 성모 마리아가 직접 발현했다는 이곳의 성당에 들어섰다.

1505년 7월 2일 성모 마리아께서 가축을 돌보던 알바르 시몬 페르난데스라는 목동에게 나타났다. 성모께서는 목동에게 "이곳을 관할하는 주교에게 이곳에 성전을 건축하고 나의 조각상을 보관하도록 전하라."라고 말했다. 이때 목동은 어떻게 주교가 자신의 말을 믿겠느냐며 의구심을 표명하였다. 성모께서는 목동에게 작은 돌을 멀리 던지도록 한 뒤 말했다. "주교와 함께 이곳에 와보면 네가 던진 작은 돌이 거대한 바위가 되어 있을 것이다. 이것이 내가 너를 보냈다는 증거가 될 것이다. 돌이 떨어진 자리가 나와 내 아들이 나의 조각상을 보관하도록 결정한 곳이다." 목동은 즉시 달려가 주교에게 그 사실을 전했고 성모께서 예언한 대로 작은 돌이 큰 바위가 되어 있었다. 그곳을 관할하던 가톨릭 주교는 그곳에 성당을 건축했다.

그로부터 17년 뒤인 1522년 성모의 기적이 일어났다. 기독교 국가인 까스띠야 출신의 노예는 의심이 많은 이슬람교도 주인 밑에서 고통을 겪고 있었다. 주인은 노예를 쇠사슬로 묶고 나무우리에 가둔 다음 나무우리 위에서 잠을 자곤 했다. 노예는 성모 마리아에게 자신을 자유롭게 해 달라며 간절히 기도했다. 그러던 어느 날 노예와 주인이 잠을 자고 일어나자 나무우리가 바로 이곳 성당 앞에 옮겨져 있었다. 그 뒤 노예와 주인은 기적에 감동하여 평생 성모 마리아를 섬기며 살았다고 한다.

까미노의 성모성당Virgen del camino Basilica! 과거에는 조용한 시골 마을의 한적한 노상에 있었을 터. 1961년 현대식으로 재건축된 지금의 성당은 새로 닦은 혼잡한 도로 곁에서 시끄러운 자동차의 소음을 오롯이 받아들이고 있었다. 성당 앞을 장식한 아르누보 양식의 열두 사도와 성모 조각상이 푸른 하늘을 배경으로 더욱 돋보인다. 16세기 성모 발현의 흔적을 찾아보려 애를 썼지만 너무도 깔끔하게 단장된 내부 모습에 그저 무릎 꿇고 기도를 드릴 수밖에 다른 도리가 없었다. 중세풍의 소박한 건축물을 기대했던 나의 바람은 처음부터 불가능한 일이었다. 이곳은 교황청에서 최초 성모발현지로 공인한 멕시코 '과달루페'보다 무려 26년이나 앞서 성모께서 발현한 곳이다, 교황청의 공인을 받지 못해 안타깝기는 하지만.

몇 분 뒤 성당 밖 따가운 햇살 아래, 옛 노예와 주인의 전설이 담긴 나무우리와 쇠사슬의 모습을 찾아 이리저리 둘러봤다. 성당 앞 성물가게sacred shop에서 간단한 기념품을 구입하며 유적의 행방을 물었다. 성물가게의 여성은 나무우리와 노예를 묶었던 쇠사슬은 성당 내부에 보관돼 있어 일반인은 보기 어렵다고 말한다. 그러면 커다란 바위는 어디 있느냐고 물어보니 아마도 바위를 기초삼아 그 위에 성당을 건축한 것 아니겠냐는 반응을 보인다. 만족할 만한 답을 찾지 못한 채 나의 호기심을 채워 줄 무언가를 찾아 눈동자를 굴려봤지만 허사였다.

그러다 문득 나는 이곳 성당의 표기가 다른 곳과 달리 바실리카 Basilica라는 데 주목하였다. 바실리카는 종교적·역사적으로 특별한 의미가 있는 교회이기 때문이다. 바실리카는 원래 고대 로마의 집회 공간을 의미했다. 그러나 그리스도교가 공인된 이후에는 예수 또는 성모 마리아의 발현이나 아주 특별히 공경 받는 성인들의 유해가 모셔진 장소에 건축된 성당을 지칭하게 되었다. 그러므로 많

동행

은 그리스도교도들이 순례를 오는 것은 당연했다. 우리가 오늘 순례길에 오른 것도 성 야고보의 유해가 모셔진 산티아고 대성당을 찾아가는 여정이 아니던가! 교황청은 이러한 성당에 영예로운 이름인 바실리카Basilica라는 칭호를 내리고 교황청 직속으로 다양한 특권을 누리게 하는 것이다. 하지만 이곳 '순례길의 동정녀 성당 Virgen del Camino Basilica'은 동정녀 성모 마리아께서 발현했다는 사실이 교황청에 제대로 전달되지 못한 채 그곳을 관할하는 주교의 공인만 받았기 때문에 교황청이 부여한 특권이 없는 명목상의 바실리카로 남았다고 한다. 16세기에는 통신 기술이 발달되지 않았으니 로마까지 소식을 전하기가 용이하지 않았을 수도 있겠다 싶었다. 그렇지만 성모께서 발현했다는 바실리카에서 짧으나마 기도를 드렸다는 만족감에 가슴이 벅차올랐다.

일반적으로 성체를 모신 집이라는 뜻의 성당은 이글레시아 Iglesia라고 부른다. 영어로는 처치Church로 표기한다. 교구의 총책임 사제인 주교Bishop가 상주하는 주교좌성당은 까테드랄Cathedral이라 부르며 영어 표기도 동일하다.

앞도 뒤도 사람이 보이지 않는다. 한국인 단체 순례자들이 오늘은 레온에서 하루 휴식을 취해서 일까? 간혹 외국인 순례자가 곁을 스쳐 지나갈 뿐이었다. 그때 저 뒤쪽에서 눈에 익은 걸음걸이의 순례자가 걸어온다. 노래로 외국인들의 심금을 울렸던 아마추어 가

수 정경석 선생이다. 저녁에 알베르게에 묵을 때면 그는 외국인들과 노래를 부르며 감성적 교류를 하는 독특한 능력을 지니고 있었다. 어느 외국인은 눈물을 흘리며 노래를 따라 부를 정도이니 실력은 굳이 설명하지 않아도 알 것이다. 정 선생도 까미노의 감성천사다.

슬로베니아 출신의 미국 여성 나타샤가 우리 일행에 합류했다. 그녀의 아버지는 1951년 미국으로 이민을 왔다고 한다. 그리고 60년대에 미군으로 한국에서 2년을 근무한 것을 자부심으로 여긴단다. 그때는 한국이 가난했었는데 지금은 아주 잘 산다고 얘기하며 뿌듯해 한다는 것이다. 미국이라는 큰 나라, 한국이 어디에 있는지조차 잘 모르는 미국인들 사이에서 주한 미군으로 근무했던 사람들이 한국을 홍보하는 친한파가 되었다는 얘기였다. 불교에 심취했다는 그녀는 나로부터 두 스님의 얘기를 전해 듣고 종교는 동일한 목표를 향해 선善을 행하기 때문에 차별할 필요가 없다며, 자신은 영적훈련spiritual training을 위해 캘리포니아에서 이곳까지 날아왔다고 했다. 한국에 대해서는 아버지의 주한 미군 시절 얘기와 김치밖에 모른단다. 한국의 대표음식 김치가 그렇게 유명한가? 정 선생과 나타샤는 차량이 많이 지나다니는 도로 주변 마을인 산 마르띤 델 까미노에 남았고, 나는 7.7㎞를 더 걸어 스페인 최고의 걸작 '돈키호테Don Quijote'의 모티브가 되었다는 오스삐딸 데 오르비고 Hospital de Orbigo라는 강변 마을까지 걸어갔다. 너무 멋진 기나긴 다

오르비고 다리

리가 오르비고강 위를 가로지르고 있었다. 돌로 만든 이 멋진 다리를 보고 감탄하지 않을 자 누가 있으랴! 최초 로마인들이 건축한 교량을 다시 보강한 이 다리 위에서 중세 때 진정한 기사를 가리기 위한 결투가 무려 한 달 동안이나 지속되었다. 1434년 야고보 성인의 축일인 7월 25일을 기준으로 ±15일 동안 기사들의 결투가 지속된 이곳을 '명예의 다리'라 부른다. 나는 명예롭게 다리에 힘을 주어 앞으로 전진했다.

| 한국인 신부님과 미사를 드리다 |

Hospital de Orbigo → Rabanal del Camino

레온의 기사 수에로 데 끼뇨네스Suero de Quiñones가 한 여인에 대한 사랑을 증명하고자 그의 추종자 9명과 함께 유럽의 기사들에게 도전장을 보냈다. 진정한 기사를 가리기 위해 펼쳐진 결투는 300개의 창이 부러지고 까딸루냐의 기사 1명이 죽는 참사를 낳기도 했다. 1434년 7월 10일부터 한 달 동안 지속된 결투가 끝난 뒤 유럽의

아스또르가 대성당(왼쪽)과 가우디가 설계한 주교궁(오른쪽)

기사들은 산티아고로 순례를 떠났다.

이 결투는 세르반테스(1547~1616년)의 소설 '돈키호테Don Quijote'의 모티브가 된다. 소설 속 돈키호테는 창을 들고 오르비고의 다리를 질주하듯 말을 몰아 풍차로 돌진했던 것이다. 우리는 이상과 현실 사이에서 끊임없이 투쟁하며 일상을 영위하고 있다. 꿈꾸는 세상이 현실과 너무도 다르기에 늘상 망가지고 상처 입지만 그래도 꿈을 실현하려는 의지는 누구도 꺾을 수 없다. 자신의 의지가 실현되지 않더라도 죽는 순간까지 결코 좌절하거나 실망하지 않았던 돈키호테의 정신이 나를 일깨워 주고 있다.

다리 양쪽 끝에서 서로 마주보고 말을 몰아 미친 듯 달려오던 중세 기사들의 결투를 상상하며 마지막으로 한 번 더 오르비고 다리를 감상한 뒤 길을 나섰다. 새벽길은 한기寒氣가 나의 몸을 마음껏 유린하게 만든다. 하지만 어찌하랴! 옷이라고는 여름 옷 두 벌밖에 가져오지 않았으니 온몸으로 추위와 맞설 수밖에 별 다른 도리가 없었다. 아스또르가Astorga는 로마의 성벽으로 둘러쳐져 있어 고대의 성벽 도시를 보는 기분이 들었다. 고색창연한 마을이 언덕 위에 모여 있어 관광지로도 유명하다. 가우디가 설계했다는 석조 건물이 대성당 곁에 나란히 서 있었지만 내부를 둘러볼 시간이 부족했다. 아침부터 지금까지 16.6㎞를 걸어왔지만 앞으로도 23.5㎞를 더 가야하기 때문이다. 속도의 중압감이 조금의 여유도 허용하지 않는다.

사막을 걷는 듯 따가운 햇살이 벌써 몇 시간째 목덜미를 공략한다. 아침에는 추웠다가 낮에는 더운 이곳의 날씨는 감기 걸리기에 안성맞춤이었지만 성모 마리아의 도우심인지 아니면 내 배낭 안에서 나와 함께 이 길을 걷고 있는 어머니의 배려인지 까미노 여정 동안 몸살감기는 단 한 번도 걸리지 않았다. 오늘 무리해서 40여 킬로미터를 걷는 것은 라바날 델 까미노Rabanal del Camino 마을의 성모승천성당에서 한국인 신부님이 미사를 집전한다는 얘기를 들어서였다. 추억이 깃든 마을들을 모두 스치듯 지나쳐 오늘의 최종 목적지에 도착하자마자 시립 알베르게에 짐을 풀고 성당을 찾아갔다. 12세기 로마네스크 양식으로 건축된 성당이 옛 정취를 물씬 풍기고 있었지만 어디에도 신부님은 보이지 않았다. 결국 저녁 미사에 어머니의 영혼를 위한 봉헌 미사를 드려 줄 것을 간청하려던 나의 계획은 물거품이 되어버렸다.

12세기에 건축된 성모승천성당 내·외부

드디어 저녁 7시 한국인 신부님이 스페인어, 영어, 한국어 등 3개국 언어로 미사를 진행했다. 나는 미사가 진행되는 동안 경건한 마음으로 먼저 가신 분들을 위해 고개 숙여 기도를 드렸다. 미사가 끝나고 사설 알베르게의 식당에 10여 명의 한국인 순례자들이 모여 간담회 겸 식사를 했다. 신부님께서는 오후 4시부터 한국인 순례자들과 수도원 내부에서 모임을 갖고 있었기 때문에 내가 도착했을 때 만날 수 없었다는 사실을 뒤늦게 알았다. 그 사제가 바로 '인영균 끌레멘스' 신부님이었다. 그는 얼마 전 산티아고 순례길을 걸은 뒤 깨달은 바가 있어 이곳에서 미사를 봉헌하며 지내고 있다고 했다. 자정 가까이 이어진 모임에서 신부님은 사도 야고보의 전도 활동과 성모 마리아의 사라고사 발현 등 많은 얘기를 해 줬다. 시간이 이렇게 빨리 흐를 줄은 꿈에도 생각하지 못했다. 인영균 끌레멘스 신부님의 용기와 신앙심에 깊은 경의를 표하며 꿈나라로 접어들었다.

| 템플기사단의 발자취를 따라가다 |

Rabanal del Camino → Ponferrada

아침 일찍 성모승천성당을 찾았다. 아무도 없는 성당 내부는 캄캄하기 그지없다. 아침에 신부님을 뵙고 인사드리려 했는데 그냥 길을 떠날 수밖에 없었다. 고색창연한 성당은 12세기 템플기사단이 산을 넘어 뽄페라다Ponferrada까지 이어지는 순례길을 보호하기 위해 이 마을에 주둔하면서 건축한 성당이라는데…. 마을을 떠나 산길을 올라갔다. 뒤로는 붉은 셀로판지를 하늘에 갖다 댄 듯 분홍빛 아침이 동터 온다. 더할 나위 없이 천국의 온기가 하늘을 감싸 안은 장관 중의 장관이었다. '신이시여! 아름다운 광경을 선물로 주시니 감사합니다.' 해발 1,439미터의 산골 마을 폰세바돈Foncebadón 입

새벽길에 나선 순례자

구의 십자가가 나를 반겼다. 거칠어진 숨결을 가다듬을 겸 마을 초입의 바bar에 앉아 할 일 없이 시간을 보냈다.

"순례의 운명을 지고 험준한 능선을 타고 오늘도 허우적거리며 가야만 하는 아들이 있다. 페로의 십자가가 바로 저긴데 예서 말 수는 없다. 넘어지고 깨어지고라도 한 조각 심장만 남거들랑 배낭을 둘러메고 가야만 하는 아들이 있다. 천국에 있을 어머니의 웃는 모습 다시 한 번 보고 싶다."

페로의 철십자가

이은상 시인이 쓴 '고지가 바로 저긴데'의 시어詩語를 바꿔 혼잣말처럼 중얼거리며 자리를 툭툭 털고 일어섰다. 페로의 십자가에는 몇몇 사람이 모여 소원을 비는 듯 하늘을 쳐다보고 있었다. 어머니의 영정 사진을 꺼내 십자가 아래에 세워 놓고 나의 염원을 가득 담아 하느님께 간청했다. 괜스레 목이 메어왔고 어느새 눈물이 흐

엘 아세보 마을

르고 있었다. 차마 어머니의 사진을 쳐다보지 못하고 돌아앉아 눈물을 훔쳤다. 십자가가 높게 치솟아 하늘과 가까우니 나의 소망이 하느님께 잘 전달됐으리라. 원래 이곳에서 어머니의 영혼을 위한 기도를 드린 뒤 수만 가지 염원을 간직한 돌무더기 속에 영정 사진을 묻어두려 했었다. 아니면 태워서 하늘로 올려 보내든가. '하지만 내가 떠나버리고 나면 높은 산 위에서 얼마나 쓸쓸하실까?'라는 생각이 도무지 머릿속을 떠나지 않았다. 어머니와의 이별이 아쉬워 나의 전체 일정 동안 어머니를 모시고 다니기로 마음을 정리했다. 사진을 다시 배낭에 넣고 까미노Camino의 여정을 계속했다. 산 중턱 전망 좋은 곳에 우뚝 서서 아름다운 검은색 지붕이 돋보이는 엘 아세보El Acebo마을을 바라보며 상념에 잠겼다. 어머니의 영혼도 한껏 아름다움이 돋보이는 중세풍의 마을을 감상하시겠지?

　　몰리나세까Molinaseca에 맞닿는 멋진 돌다리를 건너 개선장군처

빵집 앞에 앉아 피로를 푸는 순례자

럼 앞으로 나아갔다. 아마 템플기사단의 기사들도 내가 오늘 출발했던 곳에서 몰리나세까의 중세풍 돌다리를 건너 뽄페라다 Ponferrada의 십자군 성까지 말을 타고 순찰하며 순례자들을 보호했으리니. 몰리나세까에 들어서자 좁은 골목길 양 옆으로 중세풍의 빵집과 건물들이 아기자기 들어서 있다. 예쁜 마을을 지나 참으로 많이도 걸었다. 벌써 뽄페라다에 도착했으니 하는 말이다. 뽄페라다에는 제법 규모가 큰 템플기사단의 성채가 위용을 자랑하고 있었다. 고대 켈트족의 마을이었던 뽄페라다는 인근의 광산 때문에 로마 제국의 거대도시로 성장해 갔다. 그러나 로마가 쇠퇴하자 5세기에는 그리스도교도인 서고트족이, 9세기에는 아랍계 이슬람교도인 모로인(Moro, 영/무어인 Moor)이 침입하여 도시를 파괴하였다. 이와 때를 같이하여 야고보 성인의 무덤이 '산티아고 데 콤포스텔라'에서 발견되면서 산티아고로의 순례가 전체 유럽으로 유행처럼 퍼져 나갔다. 예루살렘으로의 순례는 멀고 험했을뿐더러 이슬람 세력에 의해 이미 점령되었기 때문에 대체 순례지로서의 산티아고는 그 의미를 더해 갔다. 많은 순례자들이 이곳을 통과하게 되자 레온 왕국의 페르난도 2세는 1170년 뽄페라다를 템플기사단에게 맡겨 순례자들의 안전을 도모하게 하였다. 재건된 도시와 성곽은 템플기사단이 해체되기 전까지 순례자들을 안전하게 보호하는 전략적 거점으로 사용되었다.

그렇다면 1118년에 프랑스의 기사 '위그 드 파양Hugues de Payens'이 성지 순례자들을 보호하기 위하여 결성한 종교기사단으로서 십자군의 주력 부대로 활약하다가 1314년에 해산된 템플기사단은 어떤 사연을 담고 있을까?

다빈치 코드와 같은 비밀주의 소설의 단골 메뉴로 등장하는 템플기사단은 젊은 기사 9명이 청빈, 정결, 순명을 서약하며 '예수 그리스도의 가난한 군병들'이라는 이름으로 비밀 결사 조직을 결성하면서 시작되었다. 십자군은 1099년 예루살렘을 이슬람 세력으로부터 탈환했으나 도시라는 울타리 안을 점령했을 뿐 유럽에서 예루살렘에 이르는 경로는 완전히 장악하지 못한 상태였다. 그러므로 이슬람 세력이나 강도들이 순례자들을 습격할 위험성이 커서 순례에 나서는 사람들은 돈이나 귀금속을 소지하기 어려웠다. 템플기사단은 이러한 위협 요소를 제거하고 순례자들을 안전하게 보호하기 위해 오늘날의 환어음 제도를 도입했다. 순례에 나서기 전자신의 재산을 맡기면 환어음을 발행해 주고 순례자가 예루살렘이나 산티아고 같은 순례의 종착지에 도착하여 환어음을 제출하면 그곳에서 현금으로 교환해 주었다. 환어음 제도는 수수료를 떼기 때문에 템플기사단에게 부富를 안겨줬다. 템플기사단이 환어음 제도를 이용한 것은 아이러니하게도 그들과 성전Holy War을 벌이던 이슬람 아바스왕조(750~1258년)의 상거래 결제 수단이던 수프타자 Suftajah를 모방한 것이었다. 이슬람은 무엇보다도 신용을 중시했다. 신용은 돈과도 바꿀 수 없는 명예로써, 신용을 어긴다는 것은 명예의 실추로 곧 죽음을 의미했다. 템플기사단은 이러한 이슬람의 제도를 활용하여 새로운 아이디어를 창출해 냈던 것이다. 또한 1139년 교황 인노첸시오 2세는 템플기사단에게 오로지 교황의 지시에만 따를 것을 조건으로 치외법권적 특혜를 부여한다. 이로 인해 세금도 내지 않게 된 템플기사단의 부Wealth는 늘어만 갔다. 오늘날로 치자면 세금이 면제된 국제금융업인 셈이다.

　돈 많은 사람을 시기하는 현시대의 풍조와 마찬가지로 옛날에도 그러했나 보다. 1285년 프랑스 왕위에 등극한 필립 4세는 프랑스 남서부의 영토를 놓고 영국과 전쟁을 시작하면서 전비戰費를 템플기사단으로부터 빌려 쓰게 되었다. 그러던 중 1303년 필립 4세는 아나니의 교황 별장을 기습하여 불화를 빚고 있던 교황 보니파시오 8세를 제거하고, 프랑스인 추기경 '베르트랑 드 고트'를 교황 클레멘스 5세로 즉위시키는데 영향력을 발휘한다. 또한 그는 교황청을 프랑스로 옮길 것을 요구하여 클레멘스 5세는 거처를 프

　　　　　　　　　　　　　　　　　　　　　　　　　　　　동행

랑스의 아비뇽으로 옮기게 된다. 이를 아비뇽 유수(Avignon Papacy, 1309~1377년)라 부른다. 아비뇽 유수는 1377년 교황 그레고리오 11세가 로마 교황청으로 귀환함으로써 막을 내린다.

이러한 과정에서 필립 4세는 템플기사단으로부터 빌린 부채를 청산할 절호의 기회를 잡게 된다. 필립 4세는 1307년 템플기사단을 전격 체포하여 동성애와 우상숭배 등의 혐의로 고문을 자행하면서, 아비뇽에 유패된 교황 클레멘스 5세에게 템플기사단을 해체하도록 압력을 행사했다. 결국 교황은 1312년 템플기사단 해체를 공식 선언하기에 이르렀다. 이로써 필립 4세는 템플기사단의 재산을 몰수할 수 있었고 빚도 저절로 청산되었다. 한편, 교황청은 지난 2007년 템플기사단에 대한 종교재판(1309~1311년) 기록을 공개하였다. 이 재판 기록에서 당시 교황 클레멘스 5세는 템플기사단이 이단이 아님을 인정하지만, 이들을 고발한 필립 4세와의 평화를 위해 템플기사단을 해체했다고 밝히고 있다.

순례자를 보호하기 위해 최선을 다했던 템플기사단의 거점도시 뽄페라다 Ponferrada에 도착했지만 너무 늦어 음식을 조리할 재료를 사러 갈 시간이 없었다. 그래서 카페테리아cafetería에서 순례

구 템플기사단의 성

자 메뉴로 저녁을 해결하려 했다. 하지만 다시 만날 인연이 나를 기다리고 있었다! 안드레아가 먼저 도착하여 닭백숙을 해놓고 있었다. 물론 그의 일행도 있었지만 요리를 들고 나에게 다가와 음식을 나누어 주는 그는 정녕 나눔을 실천하는 진정한 가톨릭교도였다.

| 포도밭에서 성혈을 묵상하다 |

Ponferrada ⟶ Trabadelo

새벽달이 템플기사단의 성곽에 을씨년스럽게 걸려 있어 그날의 비운을 말해주는 듯 차갑게 느껴졌다. 이제 홀로 새벽길을 걷는 것에 익숙해진 탓에 주변을 신경 쓰지 않고 나름대로 외로움과 고독을 즐기는 방법을 터득했다. 마틸다라는 여성이 밤길이 무서웠던지 나를 열심히 따라온다. 그녀가 무섭지 않도록 곁에서 천천히 걸어가며 이것저것 이야기를 주고받았다. 순례를 하는 이유를 들어주며 걷다 보니 까까벨로스Cacabelos 마을 입구 쉼터가 나왔다. 쉼터 돌 벽에는 갖가지 낙서가 가득했다. 나도 기억의 편린片鱗들을 모아 추억을 만들고 있었다. 그 추억을 기념하고자 돌 벽돌에 어머니의 안식을 위한 기도문을 적었다.

비야프랑까 델 비에르소Villafranca del Bierzo 마을에 진입하기 위해서는 순례길의 대표적 명물인 언덕 위의 하얀 집을 지나쳐야 한다.

동행

포도밭 사이 언덕 위의 하얀집

풍성한 포도나무에 포위된 언덕 위의 하얀 집에는 아마도 하우스 와인이 가득 보관돼 있으리라. 최후의 만찬에서 예수께서는 제자들에게 빵을 떼어 주시며 "받아라. 이는 내 몸이다.(마르 14, 22)"라고 말씀하시고 다시 와인 잔을 들어 제자들에게 주시며 "이는 많은 사람을 위하여 흘리는 내 계약의 피다.(마르 14, 24)"라고 말씀하셨다. 빵과 와인으로 성찬례를 제정하신 것이다. 그 후 와인은 기독교 역사에 없어서는 안 될 귀중한 자산이 되었다. 대체적으로 투명한 와인 잔에 포도주를 따라 빛에 비춰보면 프랑스산 와인은 맑은 레드로 밝게 보이는 반면, 스페인산은 강렬한 태양 탓인지 진한 레드가 주류를 이룬다. 그야말로 핏빛 와인인 것이다. 그렇다면 성찬례에 사용하는 와인은 스페인산이 더 적합한 게 아닐까? 마냥 혼자 걷다 보니 별 생각을 다하는 내 자신이 우스꽝스럽다.

비야프랑까 델 비에르소 초입에는 산티아고 소성당이 있다. 지금처럼 의학이 발달하지 않았던 시절, 많은 사람들은 오롯이 자신의 두 다리에 의존한 채 순례에 나섰다. 그러니 순례길은 삶을 좌우하는 고행길이 되었다. 어떤 이는 강도의 습격으로 죽었고, 어떤 이는 병에 걸려 명을 달리했으며, 어떤 사람은 지치고 힘들어 더 이상 까미노를 걸어갈 수가 없었다. 병들고 지친 순례자들은 이곳 산티아고 소성당의 문턱을 넘으면 산티아고 데 콤포스텔라에 있는 산티아고 대성당의 순례를 마친 것으로 인정을 받았다.

비야프랑까 델 비에르소에 있는 산티아고 성당

산티아고 소성당을 지나치자 중세의 성곽이 나온다. 몇 달 전 tvN에서 '스페인 하숙'이라는 예능 프로그램을 방영했었다. 배우 유해진, 차승원, 배정남이 알베르게(Albergue, 순례자 숙소)를 운영하며, 순례자들에게 맛깔난 한식과 잠자리를 제공하는 내용이었다. 이 글을 쓰기 직전 그 프로그램을 보면서 나에게도 타지에서 소중한 추억과 선물이 될 하루를 저렇게 보냈으면 좋겠다는 생각에 잠겼었다. 한국의 유명 배우가 알베르게를 운영했던 곳이 바로 이곳 비야프랑까 델 비에르소이다.

오늘은 다른 날과 달리 이곳저곳 기웃거리고 길가에 즐비하게 떨어져 있는 알밤을 감상하며 사진을 찍어대느라 저녁 6시가 되어서야 뜨라바델로Trabadelo에 도착했다. 이곳 알베르게에서 들어서자 안드레아가 나를 기다리기라도 한 듯 미소 짓고 있었다. 그런데 문제가 생겼다. 침대가 2층에 한 곳밖에 남지 않았는데 도무지 맘에 들지 않았다. 비좁고 답답한 것은 차치하고 좁은 이층 침대 양옆에 안전바가 없다는 것이다. 잠결에 옆으로 한 바퀴 구르면 바닥으로 추락하기 십상이었다. 그래서 자원봉사자에게 다른 오스딸(Hostal, 우리나라 모텔 격)로 가야겠다고 말하자 슬그머니 나에게 한쪽 귀퉁이에 홀로 쓰는 방이 있는데 5유로를 추가로 내고 그 방을 쓰겠느냐고 물어본다. 이게 웬 횡재냐! 사람들은 자신만의 공간을 원하지만 모든 순례자들과 공유해야하는 생활 속에서 자신의 공간을 갖는다는 것은 사치다. 그런데 비록 하룻밤이지만 나만의 공간을 갖는다는 것은 충만한 행복이었다. 서둘러 샤워와 빨래를 마치고 라면으로 끼니를 때우려고 부엌에 들어갔다. 그런데 안드레아가 벌써 내 배낭 속에서 라면을 꺼내 끓이고 있지 않은가. 타인을 배려하는 그의 정성이 가득 담긴 라면은 별미 중의 별미였다. 에스파냐에도 슈퍼마켓에 가면 중국 라면을 살 수 있다. 면발은 조금 흐느적거리지만 그래도 한 끼 식사대용으로는 충분하다. 샤워를 하고, 빨래를 마치고, 저녁 식사까지 하고 나니 여유로움이 묻어났다. 비록 잠깐

이지만 여유를 즐길 수 있다는 것, 그것도 안드레아와 같은 까미노 배려천사와 함께라면 어찌 행복하다 하지 않을 수 있겠는가!

| 나의 소원이 눈보라로 시현되다 |

Trabadelo → O Cebrero

길은 하늘을 향해 대각선으로 뻗어 있다. 까미노camino 여정 중에서 가장 신비스러운 장소를 꼽으라면 나는 주저하지 않고 오 세브레이로O Cebreiro를 지목한다. 그곳을 향해 가는 산길은 여타 길과는 달리 오르막에 약간 험하기까지 하다. 화창했던 하늘에서 슬슬 눈발이 날리기 시작했다. 해발 1,000미터가 가까워 오니 하늘도 심술을 부리나보다. 까스띠야 이 레온Castilla y Leon 주州의 마지막 마을 라구나 데 까스띠야Laguna de Castilla 마을에 다다랐다. 추위도 달랠 겸 구멍가게로 들어서자 이게 웬일인가! 은정이와 그녀의 어머니가 그곳에 있는 것이다. 너무 오랜만이어서일까? 서로가 반가운 나머지 손을 잡고 펄쩍펄쩍 뛰다시피 즐거워했다. 또산또스에서 헤어진 이후 여정이 막바지에 다다를 무렵 다시 만나다니 이 또한 신의 보살핌이 아니겠는가.

갈리시아 주州로 들어선다는 이정표가 산속 호젓한 곳에서 순례자들을 맞이한다. 드디어 야고보 성인이 묻힌 곳 갈리시아 지방

산타마리아 왕립성당

으로 첫발을 내디뎠다. 산정에 둥지를 튼 '오 세브레이로' 마을이 가장 먼저 우리를 반겼다. 시공간을 초월한 4차원의 세계로 들어선 것 같은 중세풍의 집들이 돌을 촘촘히 쌓아올린 단단한 벽으로 무장하고 있었다. 고색창연한 중세의 돌집을 보려거든 '오~! 세브레이로'로 가라!

이곳 오 세브레이로O Cebreiro에 있는 산타 마리아 왕립 성당. 순례길에 있는 성당 중 가장 오래된 곳으로 836년에 세워졌다. 이 성당에서 빵과 포도주가 살과 피로 변하는 성체 기적이 일어났다. 성당 내부의 오른쪽에 기적의 증거물들이 모셔져 있었다. 위쪽에는

앞의 붉은색이 기적의 성물이고, 오른쪽 벽면에 반원형으로 패인 곳이 당시 사제와 신도의 무덤이다.

미사 당시 사용했던 성반과 성배, 아래쪽 왼편 성반聖盤에는 살이 모셔져 있고, 오른편 성배聖杯에는 피가 담겨져 있어 그날의 기적을 증언하고 있는 듯 했다.

　이곳은 겨울에 눈이 많이 내리고 바람도 세찬 곳이다. 폭설과 눈보라가 몰아치던 어느 날, 발렌시아 마을에서 후안산틴이라는 농부가 찾아왔다. 초라한 농부의 모습을 본 사제는 '빵 몇 조각과 포도주를 받아먹기 위해 목숨 걸고 이곳 산정까지 오다니 바보 같은 짓 아닌가.'라는 생각을 했다. 사제는 한 사람의 신도 때문에 미사를 올려야 했다. 그런데 사제의 축성이 있은 뒤 빵과 포도주는 성체와 성혈로 변했다. 농부의 간절한 믿음과 영성이 기적을 만든 것이었다. 1486년 이곳을 찾은 이사벨라 여왕이 이들 성물을 가져가려

제대 위로 올라가 축복을 받는 순례자들

했지만 마차에 실은 성물이 갑자기 무거워져 말이 꼼짝하지 못했다. 여왕은 성물을 내려놓고 은銀으로 만든 성유물함을 선물로 주었다. 그래서인지 성당 내부에 모셔져 있는 기적의 성물 아래에 은 성유물함도 같이 놓여 있었다.

평소 눈 내리는 날 '오 세브레이로'를 가보고 싶은 마음이 간절했었다. 기적을 몰고 왔던 눈보라를 맞고 싶어서였다. 나의 꿈이 이뤄지는 함박눈이 펑펑 내리고 있다, 함박눈이 밤에는 폭풍한설로 바뀌지만. 예상치 못한 기후변화였다. 눈보라 속을 뚫고 김재섭스테파노와 그의 일행들이 속속 입성한다. '라바날 델 까미노'에서 한국인 신부님과 함께 간담회를 가졌던 가톨릭 신자들이다. 오늘도 기적의 그날처럼 어김없이 미사는 열리고 있었다.

김재섭스테파노가 제대(祭臺, Altar)에 올라 한국어로 독서를 했다. 아마도 그는 생애 최고의 선물로 생각했으리라. 그 모습을 오래 기억하도록 사진을 찍어 그에게 전달하니 뜻밖의 선물이라며 기뻐한다. 미사가 끝나자 사제는 순례자들을 모두 제대로 올라오도록 한 다음 축복을 해 주었다.

미사 이후 성물 앞에 무릎을 꿇고 신께 어머님을 비롯한 먼저 가신 분들을 위해 기도를 드렸다. 또한 기적의 사제와 농부의 시신이 안치된 벽면 내부의 기다란 관 앞에 촛불을 밝혀 헌화(獻花가 아니라 獻火)했다. 문밖 왼쪽에는 이곳의 사제로 산티아고 순례길을 가리키는 노란 화살표를 처음 고안해 사용했던 '엘리아스 발리냐'의 흉상이 눈에 덮여 있었다. 산티아고 가는 길의 화살표가 지금 얼마나 유용한지는 순례길을 걸어 본 사람에게는 설명할 필요가 없을 정도로 광범위하게 이용되고 있다. 알베르게로 돌아가는 길은 세찬 바람과 눈보라가 심해 눈을 뜨기가 어려울 정도였다. 밤새도록 눈보라가 창문을 두들겼다. 내일 이 폭설을 뚫고 어떻게 산을 내려가나?

| 생명의 은인이 되다 |

O Cebreiro → Triacastela

불순한 일기가 출발을 지연시킨다. 평소 같으면 밖이 환하게 밝아왔을 텐데 오늘은 태양빛이 휘몰아치는 눈보라에 가려 아직도 컴컴하다. 알베르게 문을 열어보니 세찬 바람이 더욱 추위를 실감 나게 만들었다. 가져온 옷도 별로 없는데 이 추위와 눈보라를 어떻게 극복할지 난감했다. 그렇다고 이곳에 더 머물 여유도 없었다. 밖으로 나서려는데 호주 여인 타냐Tanya가 나에게 다가와 자신을 데리고 가 줄 것을 요청한다. 나는 우리 일행이 출발하면 뒤따라오면 된다고 말했다.

드디어 눈보라 속의 행진이 시작되었다. 너무 추운 탓에 판초우의를 뒤집어쓰고 폭풍한설을 막아냈다. 얼마나 갔을까? 방풍복 대용으로 얇은 비닐을 온몸에 둘러싸고 걷던 타냐가 한 승용차로 다가간다. 그리고 승용차 운전자에게 자신을 태워줄 것을 부탁했으

오 세브레이로의 눈보라

로케 언덕의 순례자 동상

나 방향이 다르다는 이유로 거절당했다. 그녀 곁으로 다가가 승용차를 세운 이유를 물어보니 너무 춥고 한기가 들어 더 이상 걷지 못하겠다는 것이다. 나는 얇은 오리털 조끼를 그녀에게 입혔다. 그리고 그녀와 나란히 걸으며 용기를 북돋워주기 시작했다. 그녀는 입이 얼어붙어 말하기도 어렵다고 한다. 로케 언덕에 이르자 폭설에 날아갈 듯 모자를 부여잡은 채 세차게 지팡이를 짚으며 앞으로 나아가는 한 순례자가 얼어붙은 듯 꼼작도 못하고 있었다. 그는 사람이 아닌 로케 언덕의 순례자 동상이었다.

가파른 뽀이오 언덕의 정상에 있는 바bar에 들어가 꽁꽁 언 손과 발을 녹이기로 했다. 은정엄마는 바에 들어가자마자 자신의 배낭을 뒤져 티셔츠 한 장을 꺼내 타냐에게 입으라고 권한다. 타냐는 화장실에 들어가 티셔츠를 입고 그 위에 내가 준 오리털 조끼를 겹쳐

입었다. 혹독한 추위가 닥칠 것을 예상치 못하고 얇은 옷만 가져온 결과는 동장군과의 목숨을 건 싸움밖에 없었다. 그녀는 다행히 우리가 있어 위기를 모면한 것이다. 우리는 따뜻한 커피와 간단한 요깃거리로 추위와 배고픔을 달래며 서로를 걱정해 줬다. 망설임 없이 선뜻 옷을 건네준 나와 은정엄마의 배려에 대한 답례였을까? 타냐는 우리 네 사람의 음식값을 모두 지불하고 고맙다는 인사도 잊지 않았다. 그리고 내가 생명의 은인이라는 말도 곁들인다. 얼마나 추웠으면 생명의 은인이라는 말을 서슴없이 건넬 수 있을까.

까미노camino에서는 순례자들 사이에 나눔과 결속이 존재한다. 냉정하기 이를 데 없는 세상살이에서는 좀처럼 찾아보기 힘든 인간미가 까미노에는 아직도 남아있다. 길을 걷는 이들은 어떤 곳에서 다시 만나도 다정다감하게 얘기하며 서로를 격려해 준다. "부엔 까미노(Buen Camino, 영/Good Road)!"라는 말이 제일 먼저 튀어나오고, 이어 "몸은 괜찮은가?" 등등 안부를 물으며 거리낌 없이 포옹을 한다. 뭔지 모를 끈끈한 연대감과 결속감이 순례자들을 묶어두기 때문이다. 나는 원래 순자(荀子, BC300~BC230)의 성악설性惡說을 믿어왔고 지금도 그 생각에는 변함이 없다. 그러나 까미노에서 만큼은 원래 인간은 선하다는 맹자(孟子, BC371~BC289)의 성선설性善說이 더 가슴에 와닿는다. 길camino 위에서 만큼은 시기도 질투도 모략도 없기 때문이다. 도시의 각박함에 찌들어 악하게 살아가는 사람이 있거

씩씩해진 타냐

들랑 까미노를 걷도록 해야 한다. 까미노의 나눔과 배려, 느림의 미학 그리고 한가로움과 여유로움이 그들의 마음에 스며들어 착하게 살도록 말이다.

이제 타냐도 추위를 극복한 듯 주머니에 두 손을 넣은 채 씩씩하게 걷고 있다. 그 뒤를 은정 모녀가 따른다. 눈이 얼마나 많이 내렸던지 주변의 나뭇가지들이 눈의 무게를 견디지 못하고 부러지고 꺾여져 있었다. 눈길을 행진에 행진을 거듭하여 산 아랫마을 뜨리아까스뗼라Triacastela에 다다랐다. 산 밑은 폭설량이 현저히 줄어든 것을 볼 수 있었다. 눈도 녹을 정도로 날씨도 온화하다. 알베르게(Albergue, 순례자 숙소)에 들어서자 타냐가 내 옷과 은정엄마의 옷을 벗어주고 미리 예약했다는 다른 알베르게로 향했다. 샤워와 빨래를 하고 나니 몸도 개운하고 마음도 상쾌했다. 막간의 여유로움이

동행

사치스런 도시의 생활보다 더 소중하다. 긴장 속에 눈길을 헤쳐 나왔는데도 전혀 피곤하지 않고 도리어 신이 났던 이유는 피하지 않고 즐겼기 때문이리라. 은정엄마는 식사당번, 나는 설거지 담당이다. 스파게티 면발에 한국에서 가지고 갔던 라면스프를 넣어 끓이니 맛이 별나다. 오늘은 춥고 힘들고 위험했지만 그래도 인정 넘치는 행복한 하루였다.

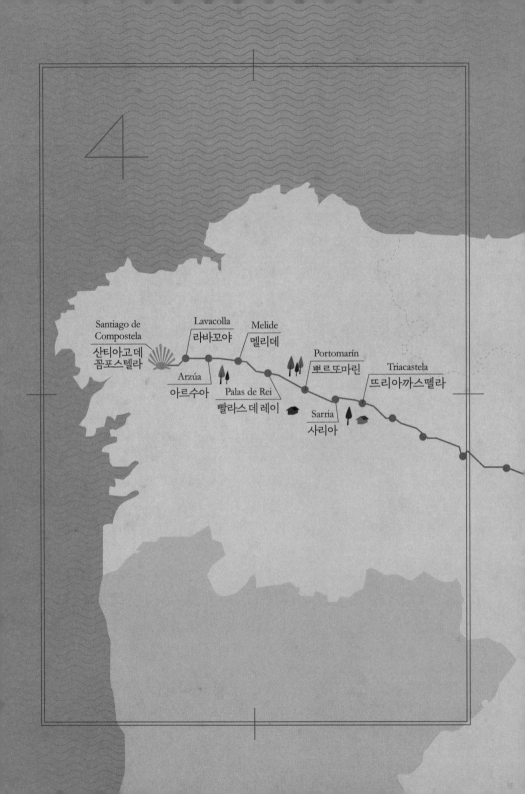

4

Santiago de
Compostela
산티아고 데
꼼포스텔라

Lavacolla
라바꼬야

Melide
멜리데

Arzúa
아르수아

Palas de Rei
빨라스 데 레이

Portomarín
뽀르또마린

Sarria
사리아

Triacastela
뜨리아까스뗄라

🐚 다섯째주일 ‖ 오만과 편견

|선글라스가 좋은 이유는?|

Triacastela → Sarria

울창한 숲과 산으로 둘러싸인 곳에 우뚝 서 있는 베네딕트 수도원의 아름다움을 잊을 수 없어 산실Sanxil 루트로 가지 않고 사모스 Samos 쪽으로 방향을 잡았다. 아름다운 강을 따라 고요함에 파묻힌 울창한 숲으로 향하는 길이다. 어제 내린 눈의 무게를 견디지 못한 나뭇가지의 잔해가 군데군데 널브러져 있어 길을 막았다. 언덕길을 내려오는 낮은 곳에 사모스의 베네딕트 수도원이 중세의 모습을 간직한 채 순

숲에 둘러싸여 하늘만 보이는 사모스의 베네딕트 수도원

례자들을 맞이하고 있었다. 우리 일행은 수도원 앞의 바에서 커피를 마시며 옛 수도사들의 애환에 대해 얘기했다. 에스파냐에서 바bar는 제2의 까사(casa, 집)라고 부를 정도로 많은 사람들이 즐겨 찾는 곳이다. 바에 다가가자 타냐가 나를 발견하고 미소로 맞이해 준다. 어제 폭설을 뚫고 함께 걸었으니 정이 들어도 많이 들었을 게다. 주위에는 타냐를 비롯한 몇 명의 외국 여성이 있었다. 어느 스페인 여성이 바에 느긋하게 앉아 시간을 보내는 나에게 수도원에 얽힌 얘기를 들려준다.

오래되지 않은 얼마 전, 한 수도사가 세상과 인연을 끊고 사모스의 수도원에 들어와 수도에 전념하였다. 그러던 어느 날 그의 누나가 찾아와 동생인 수도사와 정겹게 얘기를 나눈 후 하룻밤 묵고 가기를 청했다. 동생은 이미 속세와 절연한 자신에게 잡념을 넣지 말라며 누나의 청을 거절했다. 그때 갑자기 하늘이 새까맣게 변하며 천둥소리가 들려왔다. 수도사는 빗속을 걸어갈 누나가 걱정되어 하룻밤 묵고 가자는 누나의 청을 허락하자 하늘이 맑게 개였다고 한다. 동생과 다정다감하게 옛 추억들을 얘기하며 하룻밤을 보낸 누나는 다음 날 그곳을 떠났다. 얼마 후 동생은 지인으로부터 누나가 하늘나라로 갔다는 소식을 전해 듣게 된다. 암에 걸린 누나는 마지막 소원이 동생과 정답게 하루를 보내는 것이었다. 그런데 동생이 누나의 요청을 거절하자 신께서 천둥소리를 내어 누나의 소원이 이뤄지도록 했다는 것이다. 동생은 신의 은총에 감사하며 먼저 간 누나의 영혼을 위해 기도하며 일생을 보냈다고 한다.

이 이야기를 듣자 가슴이 아파왔다. 눈가를 적시는 눈물을 감추려고 하늘을 올려다보며 연속적으로 눈을 깜빡거렸다. 수도사가 누나의 영혼을 위해 기도했듯이 나는 어머니의 영혼을 위해 잠시 눈을 감고 기도를 드렸다. 어머니의 웃는 모습이 눈에 아른거려 앞서 혼자 걸어갔다. 선글라스가 내 눈물을 감춰주고 있다는데 안도했다.

사모스를 지나 오늘의 목적지 사리아Sarria에 들어섰다. 언덕을 오르는 높은 계단이 태산처럼 눈앞에 다가온다. 예전 같으면 천근만근 무거운 발걸음으로 계단을 올랐겠지만 오늘은 새털처럼 가볍게 계단을 올라갔다. 매일 반복되는 일상이지만 순례자 숙소인 알베르게에 도착하면 제일 먼저 샤워부터 한다. 샤워를 마쳐야 그날 입었던 옷을 세탁할 수 있기 때문에 빨래는 그 다음 순서다. 샤워와 빨래를 끝내고 나면 천국의 기쁨이 나의 가슴을 사로잡는다. 평소 샤워나

사리아 구시가지로 올라가는 계단

빨래는 아무렇지 않은 사소한 일이었는데 순례길에서는 너무도 중요한 일이자 행복이다. 우리는 행복을 멀리서만 찾으려 한다. 일상생활 또는 내 주위에 있는 사소한 일들을 소중하게 생각한다면 모든 것들이 새롭게 여겨질 텐데 우리는 항상 불평과 불만에 절어 산다. 우리 뇌는 우리가 생각하는 일을 이루도록 호르몬을 변화시킨다. 이것을 신경가소성의 원칙이라 부른다. 그러므로 모든 것은 어떻게 생각하느냐에 따라 달라질 뿐만 아니라 생각하는 대로 이루어진다는 사실을 알았으면 좋겠다.

은정모녀와 나는 인근 슈퍼마켓에서 장을 봐 돼지고기 파티를 열었다. 디저트로 사 온 귤이 너무 맛있다는 은정엄마의 말을 그냥 넘겨버릴 수가 없어 홀로 슈퍼마켓을 찾아갔다. 그리고 귤을 많이 샀다. 그날 밤 귤 때문에 모두가 행복했다. 슈퍼마켓에서 밖으로 나오니 등산용품점이 보였다. 겨울 속으로 달려가는 나 자신을 보호하고자 등산 바지 한 벌과 스패츠 한 쌍을 각각 77.9유로와 35유로를 주고 구입했다. 바지는 이어지는 순례길에서 추위를 막아 줬으며 스패츠는 바짓단이 흙탕물에 젖는 것을 방지해 줬다. 포르투갈로 건너가 순례길을 걸을 때 스패츠가 진가를 발휘했다. 그곳은 비가 많이 내렸기 때문이다.

|순례길은 단순한 트레킹 코스가 아니다|

Sarria → Portomarín

새벽부터 우렁차게 들리는 빗소리 때문에 잠에서 깨어났다. 스패츠를 무릎아래 장단지에 고정하고 길을 나섰다. 우리의 고교시절에는 기초 군사훈련을 받는 교련시간이 있었다. 그때 우리는 각반脚絆을 바짓단 위 정강이에 차고 다녔었는데 지금은 그것을 스패츠라고 부른단다. 어찌 됐든 빗속에서 스패츠는 톡톡히 그 몫을 해냈다.

판초우의를 입은 상태로 길을 걷다 보니 우의 안에 습기가 차 몸이 덥혀졌다. 우리는 우의를 벗어 몸도 식히고 모닝커피도 한 잔 마시려고 겸사겸사해서 한 마을의 바로 들어갔다. 바에는 스테파노가 먼저 자리를 잡고 앉아 있다가 나를 보더니 반갑게 맞이한다. 오세브레이로의 성당 안에서 사진을 찍어줘 고맙다는 덕담도 잊지 않았다. 스테파노 일행은 모두 가톨릭 신자들이라 어디에 가든 가톨릭 예법을 잊지 않는 독실한 사람들이었다. 예의가 바른 그들에게 더욱 정감이 간다. 실제로 까미노에는 가톨릭교도들보다 스포츠 삼아 길을 걷는 사람들이 더 많다. 지금은 순례길이라는 의미보다는 세계인이 걷는 트레킹trekking 코스 중 하나로 간주되기도 한다. 그래서인지 젊은 사람들은 그저 TV에서 방영되니까, 유명하다고 하니까 그냥 걷는다고 말하기도 한다. 가톨릭 본연의 의미가 제대로 살아난 까미노였으면 좋겠다. 우리는 누가 먼저랄 것도 없이 아침에 은정엄마가 싼 주먹밥을 꺼내 점심을 해결하고 있었다. 바 주인의 눈치가 보였지만 어찌하랴 우린 순례자인데.

산티아고까지 100km 남았다는 표지석

비는 오락가락하기 시작했다. 우리가 산티아고가 100km 남았다는 표지석에 이르렀을 때 비도 멈췄다. 에스파냐의 표지석은 한결같이 단위를 끊어서 표기를 하지 않고 소수점 이하까지 기록하는 특성이 있다. 예를 들면 327.42km라는 식으로 기재한다. 소수점 이하를 없애버리거나 327km 또는 330km라고 표기하면 어디가 덧나나? 그런데 딱 한 곳만 단위를 끊어서 표기해 놓았다. 그곳이 바로 이곳이다. 오로지 100km 남았다는 표지석만. 에스파냐를 걷는 순례자는 또 하나 알아둬야 할 것이 있다. 에스파냐에서는 영어권과 달리 소수점을 마침표(.)가 아닌 쉼표(,)로 표기하고, 천 단위를 끊어 쓰는 기호도 쉼표(,)가 아닌 마침표(.)로 표기한다. 예를 들면 23.700km는 2만 3천 700킬로미터라는 의미고, 3,140은 3.14라는 뜻이다. 숫자 표기에 있어서 천 단위를 끊어 읽는 기호와 소수점 기호는 우리와 반대로 사용한다.

갑자기 왼쪽 무릎 관절에서 뚝뚝 소리가 나며 무릎이 불편하다. 게다가 오른쪽 발목도 약간 부어올라 걷기에 불편했다. 지나가던 순례자가 발목이 아프냐고 묻는다, 뒤에서 보니 절름거리며 걷고 있더라면서. 나에게 쉬어 갈 쉼터가 필요했다. 바로 그때 마을의 한 집에서 빵을 튀겨 대문 앞에 내다놓고 순례자들에게 제공하고 있었다. 물론 음식값은 기부제이지만. 하나밖에 없는 의자에 덜퍼덕 주저앉았다. 배고픔은 튀김빵으로 해결하고 아픈 다리는 손으로 주무르며 시간을 보냈다. 내가 간절히 쉬기를 원했을 때 쉼터가 시야에 다가왔으니 신의 섭리는 실로 위대하다. 하기야 예수께서도 세례자 요한으로부터 세례를 받은 후 40일 동안 광야를 온전히 두 발로 헤매었다. 당시 예수께서는 인간의 걷는 고통과 고난을 충분히 이해했을 것이다. 그러니 신의 향기를 좇아가는 순례자들에게 어찌 신의 은총이 내리지 않겠는가!

갈리시아 지방의 접경마을인 오 세브레이로를 지난 뒤부터 독특한 구조물이 시야에 들어오곤 했다. 기다란 바위로 기둥을 세우고 그 위에 평평한 돌판을 깔고 구멍이 숭숭 뚫린 벽돌이나 나무로 건물을 올린 형태의 창고였다. 뜨거운 태양 열기로 곡식을 건조하는 동시에 구멍으로 습기가 빠져나가도록 설계된 이 구조물은 오레오oreo라 부르는 옥수수 건조 창고이다. 하지만 지금은 옥수수뿐

만 아니라 각종 곡물을 저장하여 건조시킨다. 거대한 돌을 세워야 해서 많은 돈이 들어갔던 관계로 중세에 가난한 사람들은 돌을 세우지 못하고 싸리나무 등으로 엮어 오레오를 만들어 썼는데 가난한 자의 오레오는 까베세이로cabeceiro라 불렀다.

뽀르또마린Portomarín은 원래 미뇨 강변에 있던 마을이었는데 댐

뽀르또마린 입구의 계단

건설로 수몰되자 지금의 장소로 옮겨왔다. 물 빠진 미뇨강의 다리는 너무도 높아 보인다. 강변에는 수몰된 옛 마을이 아직도 폐허의 잔재로 고스란히 남아있었다. 저녁을 손수 해 먹고 우리는 뽀르또마린의 성당 구경을 나갔다. 수몰될 뻔한 성당을 해체해서 이곳으로 옮겨 왔다는데 저 큰 돌들을 어떻게 옮겼으며 어떻게 원래대로 조립했을까? 인간의 의지는 참으로 위대하다.

| 오만한 스페인 여인을 만나다 |

Portomarín → Palas de Rei

저만치 앞에 눈에 익은 사람이 걸어간다. 빠른 내 걸음이 이내 그녀를 추월하려고 하자 그녀가 인사를 한다. 타냐Tanya였다. 원래 혼자 걷던 그녀에게 일행이 생겼다. 타냐는 나에게 그녀의 남편을 소개한다. 타냐는 조금 일찍 스페인으로 건너와 산티아고 순례길을 걷고 있었고, 그녀의 남편은 호주에서 일을 마치는 대로 까미노에 합류하기로 약속했었다는 것이다. 어제 두 사람이 만나 오늘부터 같이 길을 걷고 있단다. 그녀의 남편은 얼어 죽을 뻔한 자신의 아내를 구해줘 고맙다는 말을 건넨다. 벌써 그 얘기를 들었나? 그녀의 남편은 "도시에서는 누가 얼어 죽어도 자신의 옷을 입히지 않는다."며 "폭설이 내리는 날 기꺼이 자신의 옷을 벗어준 것은 특별한 행동이었다."고 말하며 고마움을 표현했다.

순례길을 따라 곧장 가는데 한 청년이 길을 가로막고 은정모녀와 나에게 왼쪽으로 100미터만 돌아가라고 권한다. 자신들의 고대 문화를 보여주고 싶다는 그 청년의 말에 현혹되어 100미터를 우회하자 기원전 4세기~기원전 1세기의 돌집 건축물이 나타났다. 둘레는 토성이 둘러쳐져 있어 외부의 적이 관찰하기 어려웠을뿐더러 방어에도 최적이었을 것으로 보인다. 자신의 마을에 오래전부터 석조문화를 지닌 사람들이 살았음을 홍보하고 싶은 스페인 청년의 마음이 갸륵했다. 아마도 이곳의 행정책임자가 그를 문화 해설사로 임명해야 좋을 듯싶다.

템플기사단이 건립한 소성당

템플기사단이 12세기에 설립했다는 순례자 병원이 지금은 조그마한 소성당으로 남아 중세의 석조 기술을 보여주는 농촌 마을! 그 곁의 바에서 은정모녀와 간단한 음료를 마시려는데 김수걸 강릉청년이 나타났다. 우리보다 한참 뒤처졌으려니 생각했는데 역시 젊음이 좋긴 좋나보다, 벌써 우리 일행을 따라잡았으니. 반가움에 얼

동행

싸안고 재회의 기쁨을 나누는 것도 잠시, 그가 아직 점심을 먹지 않았다는 사실을 알고 재빨리 바bar로 들어가 빵과 콜라를 사서 그에게 건넸다. 저렴한 음식에도 만족하며 고마워 할 줄 아는 사람들. 그들이 나와 동행하고 있기에 영혼이 맑아진다.

강릉청년이 합류하여 일행이 한 명 늘었다. 날이 갈수록 무릎의 하중은 완화되고 몸의 피로감도 줄어든다. 몸무게가 빠지면서 까미노에 익숙해지고 있다는 증거다. 이럴 때쯤 힘이 나기 시작하고 딴 생각도 들기 마련이다. 이러한 점을 이용해 산티아고를 70km정도 남겨둔 농촌마을 리곤데Ligonde에 순례자들을 유혹하는 홍등가가 들어서 있었다

리곤데 마을

고 한다. 지금은 소똥 냄새만 그득한 시골 마을에 불과하지만 중세에는 매춘 여성들과 쾌락을 추구하는 순례자들로 넘쳐났었다.

중세에는 농노農奴들이 영주들의 토지 안에 살면서 농사를 지었다. 이들 농노들은 토지에 구속되었으며 그 토지를 소유한 영주에게 귀속되었다. 이들은 전시나 십자군 원정에 영주를 위해 출병해야 했으며, 잦은 전투는 농노들을 죽음으로 이끌었다. 결국 과부가 된 농노의 아내와 아버지를 잃은 연약한 딸들은 손쉬운 생존 수단

을 찾아야 했다. 그러나 힘든 농사일은 무리였고 상업을 영위할 자본도 없는 그들이 선택할 수 있는 직업은 별로 없었다. 그러한 사유로 매춘을 선택하는 이들이 늘어나기 시작했다. 이들 여성들은 십자군 원정에도 뒤따라 다니며 몸을 팔기까지 했던 것으로 알려졌다. 산티아고 순례가 한창이던 13세기 초 교황 인노켄티우스 3세에 이어 그레고리우스 9세도 사랑과 애정이 없는 매춘은 무의미한 것이라며, 그리스도인들에게 창녀를 갱생시키도록 독려하기도 했다. 그러나 강인한 육체를 바탕으로 한 농사일보다는 힘들이지 않고 쉽게 돈을 벌 수 있는 매춘이 사라질리 없었다. 까스띠야 왕국의 알폰소 9세도 매춘을 강요하는 남편이나 기둥서방, 포주들을 처벌하는 법을 만들었지만 자발적인 여성의 매춘은 규제하지 않았다. 이 당시 파리Paris에서는 마리아 막달레나를 수호성인으로 삼은 매춘녀들이 몸을 활용한 상업활동을 극대화시켜 나가기도 했다. 특히 산티아고 순례길에는 순례자들만 전문적으로 접대하는 매춘 여성이 생겨났다. 신에게 경의를 표하고 자신의 영혼을 구원받으려는 남성들이 쾌락을 즐긴다는 것에는 문제가 있지만, 많은 여성들이 순례자들을 유혹하여 생계를 유지한 것은 두말할 나위 없었다.

12세기 최초의 산티아고 순례기인 코덱스 칼릭스티누스Codex Calixtinus를 쓴 에머릭 피코는 리곤데 마을에서 순례자를 유혹하는 매춘이 성행했다고 적었다. 그러나 까미노에 지친 순례자들이 매춘을 한 곳이 어디 리곤데 마을 한 곳 뿐이었겠는가. 순례길 노상의 숱한 마을에서 강탈과 매춘이 성행했으리니 리곤데 마을만을 매춘으로 매도할 수만은 없지 않은가. 지금은 어디에서도 과거의 홍등가 흔적을 발견할 수 없었다.

드디어 빨라스 데 레이Palas de Rei에 도착하여 시립 알베르게를 찾아갔다. 그런데 자원봉사자 여성이 다른 스페인 순례자와 잡담을 하고 있었다. 10여 분을 기다렸지만 잡담이 끝날 기미가 보이지 않자 슬그머니 순례자 여권Credencial을 그녀 앞으로 밀었다. 끄레덴시알이라고 부르는 순례자 여권이 있어야 스탬프를 받은 뒤 알베르게에서 잠을 잘 수 있기 때문이다. 그녀는 나를 흘끔 쳐다보더니 손으로 툭 치듯이 순례자 여권을 내 앞으로 밀쳐버린다. 자신이 얘기 중이니 기다리라는 것이다. 나이도 어린 것이…. 오만하기 짝이 없는 여성이다. 다른 곳으로 갈려면 가라는 식이다. 몹시 기분이 상했지만 대안이 없어 기다리기로 했다. 은정엄마가 그때부터 시간을 쟀는데 20분을 더 떠든 뒤에야 우리의 접수를 받았다. 나중에 영어를 할 줄 아는 에스파냐 여성에게 자원봉사자가 왜 한국인을 무시하는지 이유를 물어보도록 부탁했다. 그녀의 말은 한국인은 뭉쳐 다니며 식당을 점거해 떠들며 다른 외국인이 주방을 이용할 수 없도록 만들기 때문에 싫다는 것이다. 물론 여행사를 통해 단체로 순례하는 사람들은 인원이 많아 어쩔 수 없이 주방을 점거할 수 있을지 몰라도 개별적으로 걷고 있는 전체 한국인이 다 그렇지는 않은데, 그녀의 무례한 편견이 오만방자한 태도를 취하게 만들었다고 생각하니 화가 치밀어 올랐다. 스페인 여성이 자원봉사를 하는 시립 알베르게는 대체적으로 불친절한 것 같았다. 오 세브레이로의 여성 자원봉사자도 참으로 건방진 태도를 취했었는데 이곳도 역시 무례하다. 우리가 거지도 아닌데…. 씁쓸하다.

은정모녀와 강릉청년은 빠듯한 일정 탓에 내일부터 앞으로 치고 나간다고 한다. 나는 나만의 속도로 천천히 걷기로 했다. 은정모녀와 같이 걸은 날은 저녁을 직접 해 먹는다. 은정엄마가 없을 때는 인근의 식당에서 순례자 메뉴로 저녁을 해결하는 것이 나의 일상이 되었다. 우리는 저녁 식사를 직접 조리해 먹은 뒤 인근의 바_{bar}에 들러 까미노의 사연들을 얘기하며 즐거운 한때를 보냈다. 내일은 이별의 시간, 우리 네 사람은 맥주로 이별의 건배를 했다.

| 신의 사랑을 보다 |

Palas de Rei → Melide

은정모녀와 강릉청년은 나보다 하루 앞서 산티아고에 입성할 계획이라 서둘러 길을 나섰다. 나는 하루에 15km씩만 걸어갈 계획

가난한 자의 오레오인 까베세이로와 신비의 성당

이다. 하늘은 잔뜩 찌푸려 있고 금방이라도 비를 쏟아 부을 태세다. 하지만 스마트폰으로 일기예보를 확인하니 멜리데Melide는 12시가 넘어서야 비가 올 확률이 높다고 한다. 어차피 12시 이전에 멜리데에 도착할 텐데 하는 생각으로 거추장스런 판초우의를 배낭에 넣어버렸다.

레보레이로Leboreiro 마을 중앙으로 깨끗하게 단장된 로마가도가 지나간다. 로마가도를 따라 걸어가자니 오른쪽으로 싸리나무로 엮어 짚으로 지붕을 얹은 가난한 자의 오레오, 즉 까베세이로cabeceiro가 보였다. 까베세이로 맞은편 교회는 오래전 성모상이 발견된 곳에 건축된 신비로운 성당이다. 성당 터는 원래 조그마한 샘물이 솟아나오는 곳이었다. 그런데 밤마다 신비로운 빛이 샘물에서 퍼져 나왔다는 것이다. 사람들이 샘터를 파보자 성모상이 발견되었다. 사람들은 성모상을 마을의 성당으로 옮겨놓았는데 날이 새면 어김없이 원래의 자리로 되돌아가 있었다고 한다. 수차례 똑같은 일이 반복되자 사람들은 아예 샘터에 교회를 짓고 그곳에 성모상을 모셔 두었단다. 문이 잠겼을 것으로 예상하고 문을 밀어보니 이게 웬일인가. 스르륵 열린다. 성모상 앞에 무릎을 꿇고 항상 내 곁에 있을 것만 같았던 어머니를 위해 기도를 드렸다.

"신과 인간 사이에서 따뜻한 어머니로서 우리의 아픔을 어루만져 주시고 달래주시는 분이시여! 천상의 모후로서 지상의 우리 어머니 영혼을 축복하여 주소서. 아멘!"

조금만 걷는다는 계획은 나의 몸과 마음을 온통 여유로 채워준다. 이곳저곳을 기웃거리며 걸어갔는데도 불과 1시간여 만에 은정 모녀와 강릉청년을 따라잡았다. 그들은 걸음은 느리지만 오늘 나보다 더 먼 거리를 헤쳐 나갈 것이다. 멜리데를 1.7km 남겨두고 중세의 원형다리가 나타난다. 이곳이 바로 '산 후안 데 푸렐로스San Xoan de Furelos' 마을이다. 푸렐로스강을 가로지르는 중세의 다리를 건너면 교회가 한 곳 보이고 그 안에 팔을 뻗은 예수상이 있다.

중세 교회의 한 사제가 어느 신도로부터 고해성사를 요청받았다. 사제는 죄를 짓지 않겠다고 고해를 하는 신도를 축복까지 해 주었다. 그러나 동일한 고해가 수십 차례 반복되자 화가 난 사제가 "당신은 왜 똑같은 죄만 저지릅니까? 그렇게 많이 죄를 용서받았으면 이제 동일한 죄를 범하지 않을 듯도 한데 계속 같은 죄만 짓고 있으니 이제는 더 이상 고해성사를 받아주지 않겠습니다."라고 말했다. 그 때 비몽사몽간에 예

성당

팔을 뻗은 예수상

수께서 나타나 "나는 인간을 대속하여 죽을 정도로 인간의 죄를 용서했었는데 너는 그깟 고해성사도 해 줄 사랑과 배려가 없느냐?"며 신도를 향해 "이리 오너라. 내가 직접 고해성사를 듣고 너의 죄를 용서해 주마."라며 손을 뻗어 신도를 불렀다는 것이다. 사제가 크게 뉘우치고 벽면의 예수상을 바라보니 한 손을 뻗어 신도를 불렀던 그 모습으로 변해 있었다는 얘기다. 이 성당은 인간에 대한 신의 무한한 사랑을 체험할 수 있는 공간이었다.

산티아고 데 콤포스텔라까지 며칠 남지 않았다. 다른 이들은 여정이 끝나감에 아쉬움이 남는다고 하지만 난 아직도 1개월이나 더 남았다. 포르투갈 순례길을 다시 시작해야 하기 때문이다. 사실 처음 순례를 시작할 때는 언제 일정을 다 끝내나 하는 두려움이 앞섰다. 그러나 산티아고가 가까워질수록 여정이 끝나감에 짙은 여운

이 남았다. 제일 먼저 멜리데Melide의 시립 알베르게에 도착했다. 배낭을 문 앞에 내려놓고 곁의 바bar로 들어가 커피를 한 잔 마시면서 그곳의 와이파이WiFi 암호를 스마트폰에 입력시켰다. 제일 먼저 사진과 나의 소식을 아내에게 보냈다. 나중에는 바 앞에 서서 와이파이가 연결되는 것을 확인하고 집으로 전화를 걸어 통화까지 했다, 물론 와이파이를 활용한 카톡 전화는 공짜다. 이윽고 알베르게가 문을 연다. 자원봉사자가 배낭을 문 앞에 배열해 놓은 순서대로 침대를 배정했다. 나의 침대는 통유리가 달린 창문 옆 깨끗한 침대였다. 너무도 만족스러워 하루 더 묵고 갈까 하는 생각까지 들었다. 이곳은 문어Pulpo가 유명하다. 손수 요리를 해 먹는 것도 좋지만 특산 요리가 있는 마을에서 그곳 특산품을 맛 볼 기회를 놓치고 싶지 않았다. 일행과 헤어진 탓에 홀로 문어 전문식당으로 들어갔다. 삶은 문어를 소스에 찍어 먹는 것이 전부였다. 우리나라에서 였으면 별로였을 문어가 이곳에서는 왜 그리 맛있는지….

| 스페인 여성 자원봉사자 왜 저러나? |

Melide → Arzúa

비가 오락가락 내린다. 길에서 타냐를 또다시 만났다. 타냐의 남편은 호주로 한 번 놀러오란다. 우리는 다정하게 손을 벌려 환호하

며 기념 촬영을 했다. 하기
야 부인을 추위에서 구해
준 은인을 만났으니 반가
워 할 수밖에.

아르수아에 도착하여
시립 알베르게 앞에 배낭
을 선착순으로 줄지어 세

타나 부부와 함께

워 놓고 인근 바로 갔다. 점심 식사를 하면서 문이 열리기를 기다렸
다. 이윽고 알베르게의 문이 열리고 에스파냐 여성 자원봉사자가
나타났다. 왠지 시립 알베르게의 자원봉사자가 여성이면 불길한
예감이 든다. 오늘도 나의 예감은 적중했다. 침대를 배정해 줬는데
한쪽이 기울어져 누워 있으면 왼쪽으로 굴러내려 간다. 접수대로
달려가 침대가 많이 남는데 창가의 침대로 바꿔 주면 안 되겠냐고
의사를 타진했다. 그 여성 자원봉사자는 일단 침대를 배정했으면
거기서 잘 것이지 말이 많다는 듯이 째려본다. 그리고는 절대 못 바
꿔 준단다. 그 이후 텅텅 빈 침대는 순례자를 받지 못한 채 하룻밤
을 지샜다. 밤새 순례자가 오지도 않았는데 차라리 침대를 바꿔줬
으면 인심이라도 얻고 좋았을 텐데 저렇게 박절하게 구는 것은 스
페인 여성 고유의 기질일까? 어찌 됐든 시립 알베르게 자원봉사자
가 여성이면 재수 없을 정도다. 반면 사설 알베르게는 돈을 벌어야

하니 그렇지는 않고 친절했다.

약간 비도 내리고 해서인지 네덜란드 국적의 순례자가 옷을 빨아 비어있는 침대 바에 널어놓았다. 그런데 여성 자원봉사자가 방에 들어오더니 옷을 다 걷어서 내 침대 위로 던져 버린 뒤 뭐라고 궁시렁거리며 휑하니 나가는 것이다. 그러자 빨래의 주인이 얼른 내 침대에서 자신의 옷을 가져가며 나에게 죄송하단다. 정말 무례하기 짝이 없는 여성 자원봉사자이다. 누구 빨래인지 확인도 안 하고 무조건 한국인 것이라고 단정 짓다니. 따라가서 항의하자니 말도 제대로 통하지 않아 한국인 인상만 흐려질 것 같고…. 그냥 참기로 했다. 도대체 스페인 여자들 왜 이러나? 인종 차별하는 건가?

그날 밤 노래로 세계인의 감흥을 자극하는 음악가이자 여행작가인 정경석 선생을 다시 만났다. 저녁을 대접하니 와인으로 답례한다. 나보다 나이가 많지만 항상 예의를 지키는 순수한 마음을 지녔다. 우리는 스페인 여성이 한국인을 싫어하는 이유에 대해 얘기했다. 여러 명이 몰려다니는 한국인들은 그릇과 부엌을 독점하고 오랜 시간 식당에 머물러 서양인들의 빈축을 사고 있을뿐더러 너무 시끄럽게 얘기하여 눈살을 찌푸리게 만든다는 것이다. 우리도 반성해야 될 점은 많았다. 그렇다고 자신의 나라를 찾아온 손님에게 저렇게 무례하게 군다는 것은 이해가 되지 않는다. 그렇다면 서양 사람들은 부엌을 이용도 하지 않고 얘기도 나누지 않나?

|한국인이 한국인을 피하다|

Arzúa ⟶ Lavacolla

시원한 피톤치드 향을 마음
껏 가슴으로 들이마시며 숲길을
향했다. 머리가 맑아지도록 시
원한 숲 내음이 코끝을 자극했
다. 숲의 요정이 순례자를 축복
하는 걸까? 기분이 좋아졌다. 그

어느 순례자의 묘비 앞에서

때 숲길 한편에 순례자의 추모비가 조성되어 있는 모습이 보였다.
이곳을 지나다 명을 달리한 순례자를 그리는 글귀가 새겨져 있었
다. 순례 도중 이곳에서 먼저 세상을 떠난 그는 지금쯤 하느님 나라
에서 좋은 시간을 보내고 있겠지? 이제는 더 이상 걸을 수 없는 그
의 몫까지 대신 걸어야 할 사명이 생겼다. 지나간 것은 지나간 대로
흘러 보낸 채 앞으로 걸어갈 삶의 길을 따라 한 걸음 한 걸음 발을
내디뎠다.

요즘 만나는 사람들은 새롭다. 내가 거리를 줄여 천천히 걷는 바
람에 하루 이틀 정도 뒤에 출발한 사람들과 만나기 때문이다. 우리
한국인 순례자들은 친절하고 예의 바른 사람이 대부분이지만 간
혹 한국인만 골라서 피하는 사람들도 있다, 마치 자신이 외국 사람

인 양. 얘기도 외국인만 골라서 한다. 한국 사람이 한국인 혐오증이 있나 보다. 자신들만 한국 사람을 혐오하나? 우리들도 그들을 싫어한다. 보아비스따Boavista 마을에서 색다른 한국인을 경험했다. 바에 들어가자 한국인으로 보이는 두 남녀가 앉아서 음료와 간단한 식사를 하고 있었다. '안녕하세요' 하고 인사를 먼저 건넸는데도 그들은 아무 말도 없이 멀뚱멀뚱 쳐다보기만 한다. 한국인이 아닌 것 같아 무안했다. 그때 바에 들어온 스페인 남녀 6명이 나에게 "부엔 까미노"라고 인사하고 자리에 앉아서도 호기심 어린 눈동자로 여러 가지 말을 건넨다. 그들은 생장 피드포르에서부터 걸어 온 나를 우러러 본다. 자신들은 순례자로 인정받기 위해서 고작 100km만 걸어간다나. 그들과 얘기하면서 꼬레아노(Coreano, 한국인)라는 말을 여러 번 했었다. 두 남녀는 내가 분명 한국인임을 알았음에도 아무 말 없이 새침한 표정으로 앉아있었다. 아마 일본 또는 중국 사람일 것이라는 섣부른 판단을 하려던 그때 "가자"하며 일어서는 남자를 보고 그들이 한국인 남녀라는 것을 확신했다. 일부러 미소 띤 얼굴로 웃어주며 그들을 바라봤지만, 뭘 숨길 것이 그리 많았던지 눈인사조차 건네지 않고 황망히 빠져 나가는 그들의 뒷모습이 씁쓸한 여운을 남겼다. 한국인이 아닌 척하려거든 한국말도 하지 말 것이지….

순례의 마지막 종착지를 20.5km남겨둔 곳에 뻬드로우소

동행

Pedrouzo 마을이 있다. 순례자들을 위해 조성된 도시답게 하룻밤을 이곳에서 묵고 산티아고에 입성하는 사람들이 대부분이다. 나는 순례자들로 북적이는 이곳 마을에서 10km를 더 전진하여 라바꼬야Lavacolla까지 가기로 했다. 순례의 마지막 날, 즉 내일 조금만 걸어 신체의 피로감을 덜어내기 위해서였다. 하늘을 찌르는 유칼립투스 나무의 위용이 나를 더욱 왜소하게 만든다. 유칼립투스 나무숲에 감도는 서늘함이 머리를 맑게 일깨웠다. 순례 첫날부터 당한 베드버그의 악몽, 이어 서너 번을 베드버그로부터 습격을 당하자 이곳에 온 것을 후회할 뻔 했었다. 육체적 정신적 고통은 감내할 수 있었지만 한밤중 베드버그의 기습은 결코 참기 어려운 시련이었

유칼립투스 나무 숲

다. 까미노 전체 여정에서 가장 힘든 고난은 베드버그의 한밤중 기습공격이었다. 이 고통과 시련을 극복했기에 산티아고 대성당에서 어머니를 위한 기도를 드릴 수 있었다. 그래서 신께서 일부러 나에게 베드버그의 고난을 내린 것은 아닐까? 시련 없이는 영광도 없기에. No Pain, no glory.

| 몸을 정결히 하다 |

Lavacolla ⟶ Santiago de Compostela

조그마한 집을 끼고 오른쪽으로 돌아 아담한 목조다리에 이르면 발 아래로 시냇물이 졸졸 흐르는 정겨운 풍경을 마주한다. 이곳이 '목덜미를 씻는다'는 뜻을 지닌 라바꼬야Lavacolla 마을이다. 과거 순례자들은 산티아고에 입성하기 전, 이곳에서 손과 얼굴을 씻고 몸을 정화했다. 어떤 이는 아예 옷을 벗고 온몸을 씻었을 것이다. 순례길 동안 찌든 때를 씻어내듯 마음의 짐도 벗겨 냈으리라. 쳇바퀴 돌아가듯 내디디던 발걸음을 잠시 멈추고 얼굴과 목을 씻기 시작했다. 차가운 물이 아침잠에서 미적거리는 나의 의식을 일깨워준다. 이 얼마나 상쾌한 아침인가! 흐르는 물에 몸을 정결히 했으니 산티아고 대성당으로 가는 일만 남았다. 거의 다 왔다는 생각에 입가에 미소까지 감돌기 시작했다. 가깝게 여겨졌던 몬떼 도 고소Monte

동행

Do Gozo까지의 거리가 가을 비 탓인지 멀게 느껴졌다.

추적추적 내리던 가을비가 비바람으로 휘몰아치기 시작할 즈음 몬떼 도 고소에 도착했다. 몸을 움츠리고 교황 요한 바오로 2세가 1993년 방문한 것을 기념하여 세워진 기념비 주변을 서성이는데 일단의 순례자들이 다

몬떼 도 고소의 기념비

가왔다. 깔끔한 의복을 입은 수녀님들의 모습은 한국 사람임을 단번에 알아차리기에 충분했다. 신부님과 수녀님, 그리고 신도들을 이곳저곳 안내해 주며 한국말로 자연스레 대화하니 즐거웠다. 순례단은 이제 버스를 타고 다른 곳으로 이동한다고 한다. 그들은 가톨릭신문사 주관 성모 발현지 순례단이라고 했다. 비바람 속에서 김봉진안드레아 신부님께서 나의 머리에 손을 얹고 축복기도를 해주었다. 산티아고 입성을 목전에 두고, 그것도 교황이 방문한 자리에서 사제의 축복을 받는다는 것이 얼마나 영광스러운 일인가! 버스를 타고 그들이 떠나간 뒤에도 잠시 그 자리에 서 있었다.

천천히 걸어라. 그러나 포기하지 말아라. 그러면 목적지에 도착

할 것이다. 느림의 미학이다. 순례길을 통해 느림이 곧 빠름의 지름 길임을 알았다. 한 걸음 한 걸음 천천히 발을 내딛다 보면 그 걸음들이 모여 까마득히 멀었던 곳이 어느 사이 내 발밑에 놓인다. 산티아고에 도착하는 사람들은 목적지에 벌써 도착했다는 사실에 아쉬움을 느끼고 다시 땅끝마을인 피니스테라까지 걷기를 연장하는 사람들도 있지만 나는 아쉬움의 끝을 산티아고에서 마무리 짓기로 했다. 나에게 끝은 다시 포르투갈 순례길의 시작으로 되돌아가기 때문이다.

산티아고에 도착하자 오락가락하던 비가 그치고 하늘이 푸른색으로 염색되고 있었다. 순례의 정점인 대성당은 중세풍의 로마네스크 양식으로 단장되어 경건함이 더했다. 대성당 앞 광장에 도착하자 땅바닥에 무릎을 꿇는 것으로 나의 감격을 대신했다. 에스파냐는 물론 유럽의 가톨릭교도들을 하나로 묶었던 신앙적 지주 성 야고보Santiago! 지금은 야고보 성인의 이름으로 기억되기보다는 도시의 이름으로 정착되어 버린 산티아고! 그곳에서 벅찬 감동을 주체하지 못해 서성이는 사람들! 이 모든 것들이 감동으로 다가온다.

매일 12시에 대성당에서 미사가 열리지만 오늘은 늦었다. 저녁 7시 미사에 참석하기로 하고 하루 먼저 도착한 강릉청년과 은정모녀를 만났다. 피곤하고 힘든 오후였지만 식사는 해결해야 했다. 아침도 커피 한 잔으로 때웠으니 점심은 귀족 식사 부럽지 않게 먹어

산티아고 대성당

야 하는 게 당연지사가 아닌가. 오늘 점심은 은정엄마가 한턱내기로 했다. 그녀는 자상하면서도 여성답지 않게 배포가 큰 사람이었다. 우리는 중국식 뷔페식당으로 향했다. 그동안 주린 배를 한꺼번에 채우기로 작정한 듯 양껏 먹었다.

"나 또한 너에게 말한다. 너는 베드로이다. 내가 이 반석 위에 내 교회를 세울 터인즉, 저승의 세력도 그것을 이기지 못할 것이다. 또 나는 너에게 하늘나라의 열쇠를 주겠다. 그러니 네가 무엇이든지 땅에서 매면 하늘에서도 매일 것이고, 네가 무엇이든지 땅에서 풀면 하늘에서도 풀릴 것이다."(마태 16, 18-19)

예수님의 말씀에 따라 사제가 땅에서 죄의 매듭을 풀면 하늘에서도 풀린다. 그러므로 사제에게 고백하여 죄를 용서받는 것이 손쉬운 방법이 되리라. 물론 죄에 대한 보속(補贖, 죄로 인한 나쁜 결과를 보상하기 위한 것)은 해야 되겠지만 성경 말씀대로 실천하면 죄가 용서되는데 애써 다른 길을 찾을 필요가 없었다. 고해성사를 하기 위해 저녁 미사가 열리기를 기다렸다.

저녁 7시 미사가 열렸다. 미사가 시작되기 전 고해성사를 하려고 고해소 앞에 서려는데 한 여성이 무릎을 꿇고 사제에게 고해를 하고 있었다. 그런데 그 여성은 미사가 다 끝날 때까지 그 자리에 무릎을 꿇고 있는 것이 아닌가. 사제에게 고해를 하는지 푸념을 늘어놓는지 이상한 소리만 지껄이고 있는 것이었다. 고해를 듣고 있는 신부님의 모습이 피곤해 보인다. 낭패다. 오늘은 고해를 할 수 없으니 내일 또는 포르투갈 순례를 마치고 해야 될 것 같았다. 이곳의 고해소는 개방되어 있어 말소리만 들리지 않을 뿐 모든 행동이 다 보이기 때문에 우리나라의 고해소와는 사뭇 다른 분위기였다. 제대 아래 지하에 있는 산티아고 유골함 앞에서 기도를 드리는 것으로 어머니를 위한 고해성사를 대신했다.

| 스님과 재회하다 |

은정모녀는 아침 일찍 버스를 타고 유럽의 서쪽 끝으로 일컬어지는 땅끝마을 피스떼라Fisterra로 향했다. 정오가 되자 산티아고 대성당에서는 순례자를 위한 미사가 엄숙하게 거행된다. 차분해진 마음으로 프랑스길 여정을 무사히 끝마친 데 대해 감사를 드린 다음 포르투갈길 여정도 무탈하게 마칠 수 있게 해 주시길 기도했다. 미사가 끝날 즈음 대향로大香爐가 공중그네를 타며 성당 허공에 연기를 뿜어대기 시작했다. 하얀 향연香煙이 마치 나비가 나풀거리며 내려앉듯 순례자들 머리 위로 스며들었다, 순례길에 찌든 더러운 냄새와 육체를 한껏 정화해주는 듯.

오후가 되자 순례 첫날 함께 출발했던 단체 순례자들이 속속 산티아고 시가지로 입성하기 시작한다. 일행 중에 단체 순례자는 아니지만 며칠을 같이 걸었던 이명식가르미네 형제의 모습도 보였다. 우리는 반가운 마음에 서로를 얼싸안았다. 이명식가르미네 형제도 내일 파티마Fatima로 간단다. 길벗을 다시 만나 또다시 동행한다니 좋았다. 그때 뭔가 허전한 생각이 들어 휴대폰을 꺼내보니 두 스님의 문자가 한참 전에 와 있었다. 지금 대성당 옆 분수대에서 만나자는 것이다. 지인, 지영 스님이었다. 잊지 않고 산티아고에 도착하자마자 만나자는 문자를 준 다정다감한 분이었다. 너무 늦지나 않았을까 걱정하며 분수대로 달려가 주변을 살폈지만 두 분 스님의 모습은 어디에서도 찾아 볼 수 없었다. 길이 엇갈린 것이었다. 문자를 수차례 주고받은 끝에 캄캄한 밤이 되어서야 두 분 스님과 만날 수 있었다. 두 분 스님은 다시 포르투갈길을 걷는 내가 걱정이 됐던지 비상약품과 된장 등을 나에게 건네주며 순례길을 무사히 마치도록 기원해 줬다. 그리고 귀국하면 꼭 한 번 사찰로 놀러오란다. 스님의 염려 덕분인지 혼자 걸어가야 될 포르투갈길이 외롭게 느껴지지 않았다. 종교와 무관하게 야고보 성인의 무덤을 찾아 머나먼 여로를 소화해낸 두 분 스님에게도 신의 가호가 함께 하실 것이다.

늦은 밤, 이제야 피스떼라Fisterra에서 돌아왔다는 문자가 은정에게서 왔다. 버스터미널과 대성당 중간지점에 있는 바bar로 오라는 문자를 보내고 곧바로 약속 장소로 달려갔다. 뒤늦게 나타난 은정모녀는 피곤한 기색이 보이지 않는다. 여행은 우리에게 항상 기대와 설렘을 던져준다. 그러니 어디를 여행하든 기대감과 만족감이 크다면 피로함은 일시에 날려버릴 수 있으리라. 어제 은정엄마가 뷔페식당에서 샀던 음식에 비할 바는 못 되지만 은정모녀에게 푸짐한 햄버거로라도 보답하고 싶었다. 질質보다 양量으로 승부하라 했던가. Quantity matters more than quality. 야채와 패티가 너무 풍성하여 한국에서도 그러한 크기를 보지 못했을 정도의 큰 햄버거가 나왔다. 산티아고에서의 마지막 만찬이 비록 햄버거에 지나지 않았지만 우리는 서울에서 다시 만나기로 약속하며 그 밤을 즐겁게 보냈다.

PORTUGAL

III부

산티아고
포르투갈 해안길
(Camino Português da Costa)

SPAIN

# 왜 성모 마리아를 공경하는가?

마리아가 말하였다. "보십시오, 저는 주님의 종입니다. 말씀하신 대로 저에게 이루어지기를 바랍니다."(루카 1, 38)

성모 마리아는 천사의 물음에 위처럼 답하며 하느님의 계획을 따르기로 했다. 그리하여 성자의 어머니가 됐고, 삼위일체에 따라 성자 예수 그리스도는 신이므로 신의 어머니가 된 것이었다. 성모 聖母님은 하느님의 말씀에 순종한 결과로 인간으로서 신의 어머니가 되신 분이 아닌가.

예수님께서는 당신의 어머니와 그 곁에 선 사랑하시는 제자를 보시고, 어머니에게 말씀하셨다. "여인이시여, 이 사람이 어머니의 아들입니다." 이어서 그 제자에게 "이분이 네 어머니시다."하고 말씀하셨다.(요한 19, 26-27)

그리고 "다 이루어졌다"고 하시며 숨을 거두셨다. 십자가 유언으로 당신 어머니가 제자들의 어머니, 인간의 어머니라는 사실을 밝힌 것이다. 또한 사도행전 1장의 기록처럼 예수님께서는 성령을 통해 분부를 내리고 승천하였다. 당시 성모님과 제자들은 다락방에서 한마음으로 기도했다. 그때 이미 성령강림으로 성모 마리아는 교회의 어머니로서 사명을 받은 것이었다. 그 뒤 탄생한 교회들을 성모 마리아는 어머니로서 돌보았다. 성모 마리아의 생애는 오로지 하느님 뜻을 묵상하고 그 뜻을 되새기며 그 뜻을 실천하였다. 이러한 행위는 예수 그리스도의 구원 사업에 가장 큰 협력자로서 이뤄진 것이었다. 그래서 교회는 인간의 어머니로서, 예수의 어머니로서, 교회의 어머니로서 성모 마리아를 공경恭敬하는 것이다. 성모 마리아는 어머니로서의 자애로움을 지닌 우리 신앙의 본보기요 희망이기 때문에.

　일각에서는 성모 마리아를 신격화한다고 비난하기도 한다. 그러나 성모 마리아에 대한 공경은 신격화神格化를 위한 것이 아니다. 성모님은 탄생에서부터 죽음에 이르기까지 예수 그리스도를 지켜준 신앙의 가장 완벽한 실천가이자, 예수님의 어머니로서 우리를 위해 기도해주시는 전구자(轉求者, 나를 대신하여 신에게 은혜를 구하는 사람)이기 때문에 그 분을 존경하는 것이다. 어머니로서 우리 인간을 가장 잘 이해하시기에 우리가 위기에 처하거나 신앙심이 흔들릴 때 성모 마리아께서 발현하는 것이리라. 나와 신과의 연결 통로로, 생명의 시작이자 무한한 사랑의 증표로 성모님께서 나타나는 것이다. 우리 인간은 어려서나 나이가 들어서나 어머니를 그리워하며 찾을 수밖에 없다. 그것이 성모님께서 친히 발현하는 이유가 아니 겠는가. 모성母性의 승화는 고결하고 거룩한 것으로 우리 모두가 긍정하고 수용할 만한 가치가 있기 때문에.

거룩한 성품을 지닌 성모님께서 누구보다 인간을 잘 이해하고, 자애로운 어머니로서 우리의 기도를 신에게 가장 잘 전달해 줄 수 있을 것이라는데 의심의 여지가 있을 수 없다. 그래서 매번 교회에 갈 때마다 성모님에게 인사를 드리며 공경하는 것이다. 신도들이 입버릇처럼 암송하는 "저를 위하여 빌어주소서"의 대상이 바로 성모님이기 때문이다.

교회의 전승傳承에 의하면, 예수의 말씀에 따라 열두 제자 중 한 명인 사도 요한(야고보 성인의 동생)이 성모 마리아를 자신의 집에 모셨다. 성모님은 예루살렘에서 예수께서 걸었던 십자가의 길을 걸으며 여생을 보내다 사도들이 지켜보는 가운데 돌아가신 것으로 알려졌다. 성모님께서는 영면永眠에 들어간 이후 무덤에 놓여졌는데, 어느 날 무덤의 문이 열려 있었고 성모님의 육신이 온데간데없이 사라졌다. 이것이 예수님에 의해 하늘로 들어 올려 졌다는 근거가 된다. 예수님께서는 스스로 승천하시었고, 성모 마리아는 예수님에 의해 육신과 영혼이 함께 하늘로 들려 올려 진 것이다. 성모님의 육신과 영혼이 승천했다는 전승은 지금도 변함없이 지지를 받고 있다.

그러나 생전 살았던 곳에 대해서는 다른 주장이 있다. 12년간 전신마비 환자였던 독일의 가타리나 엠메릭크(1774~1824년) 수녀는 성모님에 관한 환시를 체험하고 성모 마리아가 여생을 보낸 집과 주변 지형을 상세히 구술하였다. 이 내용이 『동정 마리아의 생애』라는 책으로 출간되었다. 그 후 1891년 의료 선교활동을 벌이던 마리에 그랑세이 수녀가 책에 묘사된 성모의 집을 찾아다니다가 에페소 근교에서 성모님의 집으로 추정되는 집터를 발견하게 된다. 단지 환시에 의해 발견된 이곳 집터는 사실 유무를 규명할 길이 없는 가운데 1961년 교황 성 요한 23세에 의해 순례지로 선포되었다. 실제로 이곳에 기거하였는지는 그리 중요하지 않다. 그곳을 통해 신앙을 되새김할 수 있다면 그만한 가치가 있는 것이기 때문에.

일부 사람들은 성모님에 대한 기록이 없다는 이유로 성모 승천을 부인하기도 한다. 그러나 당시의 시대적 상황을 고려해 본다면 성모승천을 기록으로 남기기에는 어려웠을 것이라는데 이해가 간다. 초대 기독교회는 박해를 피해 목숨을 건 도피생활과 더불어 전도 활동도 병행하고 있었다. 목숨이 경각에 달렸다보니 상대적으로 성모 마리아의 임종에 대한 기록을 소홀히 다룰 수밖에 없었을 것이다. 성경에 기록되지 않았다는 이유로, 명백한 증거가 없다는 이유로, 예수의 제자들과 당시의 신도들이 순교하거나 저 세상에 갔기 때문에 증언을 할 수 없다는 이유만으로 성모 승천을 부인하는 것처럼 어리석은 일은 없으리라. 세상의 모든 일을 기록으로 남길 수는 없지 않은가. 보이지 않는다고 해서 존재하지 않는 것은 아니다.

🌿 성모 마리아는 진정한 신과 인간의 중재자이다

"너희는 온 세상에 가서 모든 피조물에게 복음을 선포하여라. 믿고 세례를 받는 이는 구원을 받고 믿지 않는 자는 단죄를 받을 것이다. 믿는 이들에게는 이러한 표징들이 따를 것이다. 곧 내 이름으로 마귀들을 쫓아내고 새로운 언어들을 말하며, 손으로 뱀을 집어들고 독을 마셔도 아무런 해도 입지 않으며, 또 병자들에게 손을 얹으면 병이 나을 것이다." 주 예수님께서는 제자들에게 말씀하신 다음 승천하시어 하느님 오른쪽에 앉으셨다. 제자들은 떠나가서 곳곳에 복음을 선포하였다. 주님께서는 그들과 함께 일하시면서 표징들이 뒤따르게 하시어, 그들이 전하는 말씀을 확증해 주셨다.(마르 16, 15-20)

부활하신 예수께서 제자들에게 나타나 사명을 부여하며 하신 말씀이다. 성 야고보는 이 말씀을 가슴에 새기며 멀리 이베리아 반도로 전도를 떠났으나 순조롭게 전도가 이뤄지지 않았던 것으로 알려졌다. 실망한 야고보 사도가 사라고사Zaragoza의 에브로Ebro 강변을 거닐고 있던 바로 그때, 야고보 사도의 동생인 사도 요한의 예루살렘 집에서 기거하던 성모 마리아께서 산 자의 몸으로 사라고사에 발현하신 것이다. 기원후 40년 1월 2일 밤, 대리석 기둥Pilar 위에 나타난 성모 마리아는 "나의 중재를 통해, 하느님께서 나의 도움에 호소하는 이들을 위해 놀랍고 경이로운 일을 행하시도록 세상 끝날까지 이 장소에 머물겠노라."고 말씀하셨다. 그리고 당신께서 발현하신 기둥 주위에 제단이 있는 성당을 짓도록 명하셨다. 지금 사라고사의 에브로 강변에는 그때의 기적을 증명하는 대리석 기둥을 간직한 삘라르 성모성당Basilica de Nuestra Senora del Pilar이 마치 기둥처럼 우뚝 서 있다. 사라고사는 에스파냐의 북동부에 위치한 도시이며, 삘라르Pilar는 에스파냐어로 기둥이라는 뜻이다. 에스파냐는 세계 최초로, 그것도 산 자의 몸으로 발현한 성모 마리아를 기념하여 '삘라르 성모 축일'을 제정하고 국경일로 삼고 있을 정도다. 성모께서 기둥 위에 발현하신 까닭은 아마도 삼위일체의 하느님을 향한 한결같은 신앙을 의미하는 것이 아닐까?

최초로 발현하신 성모님께서 인간의 호소를 신께 말씀드려 중재하겠다는 것은 그만큼 인간을 사랑했다는 의미일 것이다. 이를 증명하는 예는 요한복음 2장 1절에서 11절 사이에 기록돼 있다. 카나의 혼인 잔치에 포도주가 떨어지자 성모 마리아는 예수께 포도주가 없다고 말했다. 그때 예수께서는 '아직은 때가 오지 않았다'고 말하면서도 어머니의 말씀에 순종하여 물을 포도주로 변화시키는 카나의 표징을 일으키셨다. 이처럼 성모께서는 단호한 신의 마음을 움직이는 중재자로서의 역할을 자임하신 분이었다.

에스파냐의 사라고사가 성모께서 최초로 발현하신 곳이라면, 포르투갈의 파티마Fatima는 가장 최근에 발현하신 곳이다.

1917년 5월 13일 루치아, 프란치스코, 히야친타 등 3명의 어린 아이가 인구 1만여 명에 불과한 작은 도시 파티마 근교의 목초지에서 놀고 있었다. 그때 갑자기 번개가 치더니 작은 떡갈나무에 성모 마리아가 나타났다. 아이들이 매달 13일에 발현한 성모 마리아 얘기를 하고 다니자 사람들은 그 사실을 의심하였다. 성모님은 의심하는 사람들에게 더 큰 기적을 보여주겠다고 아이들에게 약속하고 날짜를 지정해 줬다. 아이들은 사람들에게 성모님의 말을 전했다. 1917년 10월 13일 아이들의 말을 확인하려고 언론인들을 비롯한 인파 7만여 명이 그 장소로 몰려들었다. 당시 날씨는 시커먼 구름이 하늘 뒤덮고 억수같은 비가 쏟아졌었다. 오후 1시가 되자 갑자기 비가 그치고 먹구름이 물러갔으며 태양이 구름을 뚫고 나와 은빛 원반처럼 회전하기 시작했다. 루치아가 군중을 향해 태양을 보라고 소리치자 하늘에 여러 성인의 모습이 나타났으며, 태양은 불바퀴처럼 빠르게 회전하면서 여러 가지 색깔의 광선들을 발산하며 지상을 화려하게 물들였다. 잠시 후 태양은 하늘을 가로질러 지그 재그 모양으로 전진하면서 지상을 향해 엄청난 속도로 떨어졌다가 다시 제자리로 돌아갔다. 이러한 현상은 그곳에 있던 사람들뿐만 아니라 수십 킬로미터 떨어진 인근 마을의 주민들도 모두 목격하였다. 그리고 비에 젖었던 모든 사물들이 마치 강한 열기를 받은 듯 순식간에 말라버렸다. 이러한 내용은 당시 언론에 의해 '파티마의 기적'이라는 제목 등으로 사진과 함께 보도되었다. 총 6번의 발현을 통하여 성모님은 세계 평화를 위해 묵주기도를 바치도록 하였고, 죄인들의 회개는 물론 고행과 희생을 강조하기도 하였다. 성모님은 나중에 수녀가 된 루치아를 통해 소련의 붕괴와 교황 요한 바오로 2세의 암살 기도를 예언하기도 했다. 죄인일 수밖에 없는 인간들의 끊임없는 묵주기도 덕분이었을까? 소련은 붕괴되었고 교황은 죽음의 문턱에서 기사회생하였다. 이처럼 성모님은 세계 평화를 이루도록 애써 주었고 죽음의 사자도 몰아내셨다, 모든 인간을 지극히 사랑하는 인자한 어머니의 마음으로.

포르투갈 해안길 순례 8일차에 접어들던 어느 날, 포르투갈 해안길을 걸어왔던 나는 미뇨강을 건너 에스파냐로 들어갔었다. 그날 밤 모처럼 대여섯 명의 순례자와 만나 대화를 나눴던 적이 있었다. 그때 브라질 남자 한 명이 얘기한 말이 생각났다. 성모 마리아에 대한 영적 숭배는 '신께서 결정하신 일도 성모 마리아께서 신과 인간 사이에서 얘기를 잘 해주면 결정을 번복할 수 있다는 믿음에 근거한다'는 것이었다. 나의 생각도 그와 같았다. 자애로운 천상의 어머니께서 인간의 호소를 듣고 예수 그리스도에게 잘 말씀드려 준다면 그 어떤 것보다 좋은 효과를 거둘 수 있지 않겠는가. 그래서 성모 마리아를 통해 기도하며 성모 마리아를 공경하는 것이다. 40여 년을 개신교 신자로 살아왔던 나도 어려운 일이 있으면 목사님에게 기도를 요청하곤 했었다. 목사님에게도 기도를 요청했었는데 은총이 가득한 성모님을 통해 신에게 기도하는 것이 무엇이 잘못됐다는 건가. 또한 인간이기에 인간을 가장 잘 이해해 줄 수 있는 분이 바로 성모 마리아가 아닌가. 그래서 지상에 자주 발현하시어 우리 인간을 자애롭게 이끄는 것이리라.

 천상의 어머니에게 지상의 어머니를 부탁하다

피레네산맥을 넘어 800km의 프랑스길 여정을 끝낸 뒤 다시 포르투갈길의 여정에 돌입했다. 파티마로 향하는 길은 마음 편한 여행이었다. 산티아고 데 콤포스텔라에서 버스로 포르투갈의 오 뽀르뚜O Porto까지 간 다음, 다시 버스를 갈아타고 파티마Fatima까지 이동하였다. 이 여정에는 부산 가톨릭 수도원에서 근무했다는 이명식가르미네 형제가 함께 했다. 호텔에 여장을 풀자마자 곧바로 성모 마리아께서 발현했다는 곳으로 달려갔다. 그곳에서 천상의 어머니 성모 마리아께 지상의 어머니를 부탁하는 간절한 기도를 제일 먼저 드리고 싶었기 때문이었다.

대성당 앞의 소성당, 바로 그곳에서 성모 마리아께서 발현하였다. 화려하고 웅장한 대성당보다 어찌 보면 초라할 정도의 조그마한 성당 터에서 발현했다는 사실이 더 실감나 보이는 것은 성모께서 때 묻지 않은 소박한 소년 소녀 앞에 청결한 모습으로 나타났기

동행

때문일 것이다. 예수님께서도 초라한 말馬 구유에 눕혀지지 않았던가.

파티마의 소성당에 꿇어앉은 나는 먼저 주모경(주님의 기도, 성모송, 영광송)을 바쳤다. 그리고 어머니의 사진을 꺼낸 뒤 어머니의 영혼을 위해 성모님께서 나서주실 것을 간청하였다. 나보다는 성모님께서 예수님께 부탁하는 것이 훨씬 좋으리라는 생각에서였다. 기도를 마치고 나서야 내 곁에 로만칼라를 하고 수단을 입은 사제가 있다는 사실을 알았다. 나는 사제에게 간곡히 부탁했다, 어머니의 영혼을 축복해 달라고. 영어에 능통한 사제는 내 설명을 제대로 이해한 것 같았다. 그는 사진을 붙잡고 간곡히 기도해 줬다. 어머니의 영혼이 반드시 천국에 가야 했기에 그의 기도가 나에게는 너무도 간절했다, 예수님의 말씀에 따라 사제가 땅에서 죄의 매듭을 풀면 하늘에서도 풀리기 때문에. 나도 모르게 눈물이 흘렀다. 그런 나의 모습을 애잔하게 바라보던 이명식가르미네 형제가 내 등을 토닥토닥 두드리며 나를 위로해 주었다.

"내가 반석 위에 교회를 세울 터인즉, 저승의 세력도 그것을 이기지 못할 것이다. 또 나는 너에게 하늘나라의 열쇠를 주겠다. 그러니 네가 무엇이든지 땅에서 매면 하늘에서도 매일 것이고, 네가 무엇이든지 땅에서 풀면 하늘에서도 풀릴 것이다."(마태 16, 18-19)

성모님을 통해 신에게 전달할 말이 그리도 많은 것일까? 수없이 많은 사람들이 이곳에서 기도하며 신에게 자비를 호소하고 있었다. 맞은편에 위치한 지하 성당에 들어가 기도를 드리고 나오는데 저 멀리 두 분 사제가 걸어가는 모습이 보였다. 아마도 한국 신부님일 것 같았다. 무조건 "신부님~!"하고 큰 소리로 불러보았다. 이 소리를 알아들으면 한국분이고, 못 알아들으면 외국분일 것이다. 그런데 고개를 돌려 나를 바라본다. 한국 신부님이었다. 곁으로 다가가 산티아고 순례길 중 프랑스길 800킬로미터를 걷고 다시 포르투갈길을 걸으려 한다고 설명하고 축복기도를 부탁했다. 두 분 신부님 중 나이 지긋하신 한 분이 축복의 손을 내밀었다. 나와 이명식가르미네 형제는 곧바로 무릎을 꿇고 머리에 그 분의 손을 받아들였다. 세상의 온갖 잡념이 사라지고 성모 마리아의 자애로움과 신의 은총이 머리로 스며드는 것 같아 행복했다. 축복기도가 끝나고 우리가 신부님께 감사의 말을 전하는 순간 외국 여성들이 몰려든다. 자신들에게도 축복을 해 달라고 부탁하는 것이다. 이번에는 젊은 신부님이 그들의 머리에 손을 얹고 축복을 내린다. 정말로 흐뭇한 광경이 펼쳐지고 있었다.

나와 이명식가르미네 형제는 성모님을 직접 목격한 세 사람이 살던 생가로 가기로 결정하고 오토바이를 개조하여 만든 일명 뚝뚝이를 불러 세웠다. 뚝뚝이 기사는 그들이 살던 알주스트렐Aljustrel

루치아 수녀의 옛집

마을까지는 이곳에서 대략 4킬로미터 떨어져 있다며 10유로를 달란다. 우리가 뚝뚝이의 소음을 노래 삼아 세상의 경치를 둘러보는 사이 어느새 뚝뚝이는 루치아 수녀의 집 앞에 도착해 있었다. 성모님의 발현을 목격한 뒤 두 오누이는 먼저 하느님 곁으로 갔고, 루치아는 수녀가 되어 평생을 수녀원에서 살다 2005년 돌아가신 분이다. 박물관으로 개조된 루치아 수녀의 집 안에 홀로 남은 나는 고개 숙여 잠시 기도를 했다. 루치아 수녀의 영혼과 어머니의 영혼, 그리고 돌아가신 분들의 영혼을 위해서였다.

프란치스코와 히야친타 오누이의 집에도 들어갔다. 그들이 쓰

두 오누이의 옛집

성모님 발현 장소에 세워진 소성당, 뒤쪽에 대성당이 보인다.

던 침대 앞에서 잠시 묵념을 했다. 파티마로 되돌아올 때는 또 다른 낭만이 있었다. 이번에는 도로를 달리는 꼬마열차가 바로 이곳 루치아 수녀의 옛집 앞에서 출발하는 것이었다. 요금도 둘이서 7유로였으니 그리 비싸지 않았다.

저녁 식사를 서둘러 마친 우리는 성당 안의 미사보다 성모님께

서 발현한 곳에 세워진 소성당의 미사에 참석했다. 모든 순서는 오로지 묵주기도 5단으로만 이뤄졌다. 묵주기도 5단을 마친 우리가 돌아서려는데 한 한국인 관광 가이드가 저녁 9시 30분에 이곳에서 또 촛불 미사가 이뤄진다며 묵주기도 1단 정도는 한국말로 독서를 할 수도 있을 것이라고 넌지시 알려주었다. 어머니의 영혼을 위해 최소한 묵주기도 1단이라도 내가 대신할 수 있다면 얼마나 좋을까? 생각이 여기에 미치자 곧바로 사제 대기실로 찾아갔다. 그리고 영어를 할 줄 아는 신부님을 찾았으나 없었다. 난감해 하고 있던 차에 마침 사제 한 분이 들어오면서 자신이 영어를 할 줄 안다며 얘기해 보라고 한다. 산티아고 순례길을 800킬로미터나 걸어 이곳까지 왔으니 우리 어머니를 위해 묵주기도 1단을 한국어든 영어든 상관없으니 내가 독서할 수 있도록 해 달라고 간청했다. 나의 간곡한 부탁에도 불구하고 이미 5개국의 언어가 정해져 있으니 한국어로는 할 수 없고, 영어로도 사람이 벌써 선정돼 있으니 불가능하다고 말한다. 아쉽지만 어쩔 수 없었다. 아직까지 성모발현 소성당에서 만큼은 공식적인 묵주기도를 한국어로 진행한 전례가 없었을 것이라는 얘기도 들린다.

　11월의 추위는 온몸을 움츠려들게 만들었다. 옷깃을 여미고 저녁 9시부터 맨 앞쪽에 자리를 잡았다. 조금 늦으면 뒤쪽에 서 있어야 되는데 뒤쪽은 개방된 곳이라 차가운 바람에 그대로 노출된다. 9시 30분이 되자 사람들이 빽빽하게 들어찼다. 한쪽 구석에 한국인들도 제법 보인다. 묵주기도는 포르투갈어, 에스파냐어, 영어, 독일어, 프랑스어로 진행되었다. 그렇게 5단을 바치는 동안 나는 주변 사람이 쳐다보든 말든 한국어로 묵주기도를 드렸다. 묵주기도가 끝나자 대형 십자가가 앞서고 그 뒤를 파티마성모상이 뒤따른다. 촛불을 밝힌 신도들을 이끌고 광장을 한 바퀴 돌아오는 동안 "아베 마리아"가 계속해서 반복된다. 성모 마리아를 찬양하는 노래다. 경건한 마음으로 아베 마리아를 따라 부르며 광장을 휘돌아 다시 소성당에 안착하는 것으로 묵주기도는 끝이 났다.

오늘처럼 기도가 은혜로웠던 적은 없었다. 기도 한 마디 한 마디가 성모 마리아를 통해 예수님께 전달되는 것 같았다. 그러기에 더욱 간절히 기도를 드렸는지 모른다. 처음 나의 기도는 어머니의 영혼을 위한 기도였지만 어느 순간 나의 부모님, 처가의 부모님 그리고 내가 아는 돌아가신 모든 분들을 위한 기도로 변해 있었다. 이 기도를 산티아고 가는 프랑스길에서는 물론이었고 지금부터 걸어갈 포르투갈 해안길에서도 거르지 않고 계속할 것이다. 오늘 파티마에서 드린 기도를 성모님께서 들으셨을까?

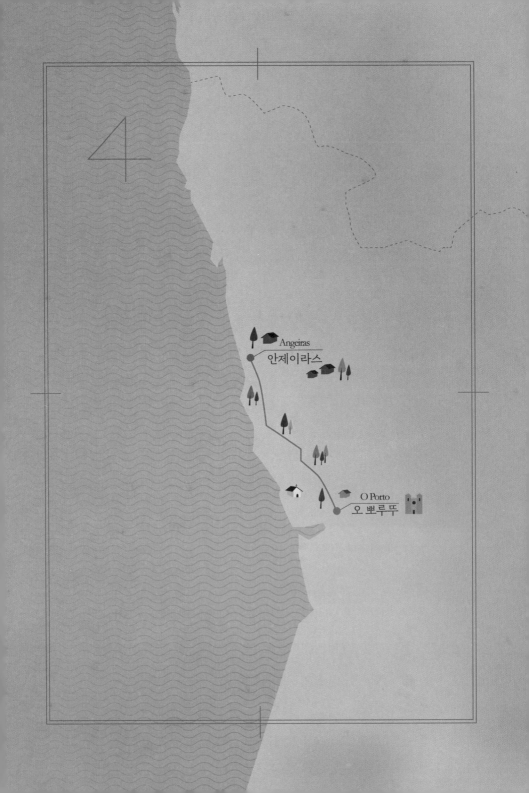

🐚 첫 걸음 23km ∥ 어머니와 만나다

O Porto → Angeiras

다시 오 뽀르뚜O Porto로 되돌
아왔다. 이곳에서부터 순례를 시
작하기로 했기 때문이었다. 이명
식가르미네 형제는 여기에서 마
드리드를 거쳐 프랑스 파리로 나
가야 했다. 영어를 잘 할 줄 모르
는 그를 위해 뽀르뚜 철도역까지
동반했다. 우선 마드리드까지 가
는 야간열차표를 예매해 주고 반
드시 코임브라에서 갈아타야 한
다고 강조했다. 그는 그냥 헤어지
는 것이 섭섭했는지 인근 맥도널

뽀르뚜 주교좌성당

드 점포에서 햄버거로 점심이라도 먹고 가라며 나를 붙잡았다. 그가 사준 햄버거는 정이 가득 담겨있어 어떤 햄버거보다 맛이 좋을 수밖에 없었다. 다시 비가 추적추적 내리는 오후, 나도 이제 발걸음을 옮겨야 한다. 그러나 영어를 할 줄 모르는 그를 두고 간다는 것이 영 마음이 내키지 않았다. 걸어가는 발걸음이 무거워 뒤돌아보고 손을 흔들고 또다시 뒤돌아보기를 수차례, 그가 보이지 않을 즈음에야 빗속을 헤치고 뽀르뚜 주교좌성당 안으로 들어갔다.

크레덴시알Credencial이라는 순례자 여권을 만들어 밖으로 나오니 비가 잦아든다. 크레덴시알은 순례자 숙소인 알베르게Albergue에 묵을 때 제시해야 하며, 특히 순례완주 증명서를 발급받을 때 증거자료로 쓰이기 때문에 상당히 중요하다. 일반적으로 포르투갈길을 걷는 순례자는 내륙의 중앙을 거슬러 올라가는 여정을 선택한다. 포르투갈길은 국제적 순례가 한창이던 12세기에 활성화되었다. 각지에서 모여든 순례자들은 뽀르뚜 북쪽 브라가Braga에서 시작되는 옛 19번 로마가도를 따라 산티아고로 갔다. 1세기에 건설된 옛 19번 로마가도는 국경도시인 발렌사를 통과하여 에스파냐의 이리아Iria까지 뻗어간 다음 산티아고를 목전에 두고 오른쪽으로 휘어져 아스또르가로 연결되는 로마의 간선도로다. 이 루트가 포르투갈 내륙길이다.

하지만 나는 대서양 해변을 따라 걷는 포르투갈 해안길Camino

동행

대서양을 지키는 포르투갈의 요새

Português da Costa을 선택했다. 내 배낭 안에 계신 어머니가 육지보다
는 바다의 풍경을 더 좋아하실 것 같아서였다. 관광안내소 직원의
말에 따르면 단지 5%~10%정도의 사람만이 포르투갈 해안길을 선
택한다고 한다. 순례자가 적으니 순례자 숙소와 같은 알베르게도
별로 없고 편의시설도 태반 부족하다고 했다. 프랑스에서 출발한
사람들이 걷는 길이라는 프랑스길이 대부분 에스파냐 안에 있듯
포르투갈길도 절반은 에스파냐에 있다. 처음부터 성당 왼편의 도
루Douro강을 따라 도시 외곽으로 우회하는 가장 긴 길을 산보하듯
걸어갔다. 어마어마하게 큰 아치형 다리 뒤로 대서양의 푸른 파도
가 방파제를 휘감아 넘실대며 위협적인 포말을 뿜어대고 있었다.
거센 바람 탓일까? 비바람에 우의가 펄럭이자 나의 몸이 온전히 비
바람에 드러난 탓에 온몸이 비에 흠뻑 젖어들었다. 추위가 밀려왔지
만 아름다운 해안의 풍경은 추위까지 날려버릴 정도로 강력했다.
　오 뽀르뚜O Porto 끝자락, 해안가를 지키는 요새의 모습이 사뭇

위협적이다. 하지만 지금은 중세도 아닐뿐더러 대서양을 통해 포르투갈에 침입하는 적도 없으니 걱정할 필요가 없지 않은가. 철통 같은 요새는 옛 임무를 다 마치고 문화적 유산으로 사람들의 사랑을 받고 있었다. 마토지뉴스Matosinhos에 이르자 산업화된 도시의 팍팍한 길로 접어든다. 예전의 해안길과 달리 낭만이라고는 전혀 느껴지지 않는 삭막한 도시다. 레자Leza강을 가로지르는 대형 다리를 건너자 해가 뉘엿뉘엿 넘어가고 있었다. 순례자 숙소인 알베르게를 열심히 찾아다녔으나 마을 사람 어느 누구도 알베르게 존재 자체를 아는 사람이 없었다. 순례자가 많이 다니지 않는 곳은 이러한 어려움이 존재한다는 사실이 그제야 실감나기 시작했다. 마을 끝 해안에 마토시뇨스Matosinhos 관광안내소가 있었다. 그곳에 들어가 숙소를 알아봐 줄 것을 요청했다. 한 남자 직원이 유창한 영어와 친절한 태도로 안내해 준다. 앞으로 8킬로미터를 더 걸어가면 아마 야외 캠핑장이 있을 것이라며 그곳에 부탁하면 숙박이 가능할 것이란다. 숙소가 없으니 다른 선택의 여지도 없고…. 그냥 걸어갈 수밖에. 석양을 나침반 삼아 추적추적 내리는 빗속을 걸어가다 놀라운 풍경에 멍하니 한참을 서 있었다. 눈이 환해질 정도로 경외감을 주는 조그만 성당이 수줍은 듯 해안가에 외롭게 둥지를 틀고 있었기 때문이었다. 성당 문을 힘차게 밀어봤지만 꿈쩍도 하지 않는다. 성당 뒤편에는 사람들의 소망과 염원이 담긴 양초가 타다 만 채로

동행

비바람에 이리저리 뒹굴고 있었다. 석양과 먹구름을 배경 삼아 아름다움에 아름다움을 더하고 있는 앙증맞은 성당, 그곳에서 기도를 드리지 않는다면 어디에서 기도를 하겠는가.

조그만 성당 문 앞에 잠시 서서 어머니와 다른 돌아가신 분들을 위해 기도를 드렸다. 그리고 파티마 성모님께서 말씀하신 묵주기도 5단을 바친 뒤 발걸음을 옮겼다.

묵주기도는 상당한 시간을 요한다. 묵주기도를 마치고 나니 어느새 하늘이 깜깜해졌다. 어둠 속을 걷는 기분은 참으로 묘하다. 마을이 계속될지도 모르고, 숙소가 정말 있는지도 모르겠고, 길을 물

대서양변의 소성당

어볼 사람도 없으니 어찌할꼬? 참으로 난감했지만 관광안내소 직원의 말을 위안 삼아 두 다리에 마지막 남은 힘을 불어넣었다. 오후 2시에야 출발한 순례의 첫 걸음이 어둠을 불러온 것이다. 저녁 9시가 다 되어서 가까스로 오르비뚜르Orbitur 캠핑장이라는 곳을 발견했다. 14유로를 주고 콘센트 막사를 하나 받았지만 화장실과 샤워장은 야외에 있었다. 비가 내리는 밤에 화장실 가기가 여간 부담스럽지 않은 곳이었다. 원래 에스파냐와 포르투갈은 저녁 8시가 넘어 저녁 식사를 하는 곳이라 샤워를 마친 뒤 인근 카페에서 7유로의 저녁 식사를 하는 데는 전혀 무리가 없었다. 다른 카페와 달리 이곳은 스테이크에 무시래기를 얹어 맛을 냈다. 맛도 우리나라의 시래기 맛과 별반 다르지 않아 혀끝의 감촉까지 감미로웠다. 이국땅에서 느끼는 고향의 맛이라니….

늦은 밤 숙소에서 하루 일과를 정리하는 일기를 쓰고 있었다. 그때 갑자기 어머니의 모습이 보였다. "차 조심하라니까"하는 소리와 함께 나를 한쪽으로 잡아당기는 것이었다. 내가 일기를 쓰다가 잠시 졸았나? 그러나 졸지 않았다. 너무 생생하여 고개를 갸웃하던 도중 어머니께서 대서양 해안의 모래사장에 내려갔다 올라오시는 모습이 영화필름처럼 내 눈앞을 스쳐 지나갔다. 대서양의 모래밭을 좋아하는 것 같아 보였다, 마치 나와 대서양 해안을 따라 걷는 것을 만족스러워 하는 듯이. '몇 번이나 꿈일까?' 하는 생각을 했었다. 그러나 꿈은 아니었다. 그렇다면 생시도 아닐 것이고, 도대체 뭐란 말인가. 나도 딴에는 과학자에 속하는 사람이다. 과학자는 환영이나 환상 따위의 것들을 믿지 않는다는 얘기다. 어느 정도라도 증거가 있어야 믿는 나다. 그런데 아직까지 한 번도 경험해 보지 못했던 환영幻影이 눈앞에 펼쳐진 것이다. 믿을 수 없었지만 믿어야 했다. 유령이라고 생각한다면 무서워야 될 텐데 전혀 무섭지도 않았고 오히려 마음이 평화롭기만 했다. 어머니의 영이 나의 영혼과 정신적 교감을 한 것이라고 확신하며 잠을 청했다. 주변은 온통 깜깜한 어둠뿐이었고 들리는 소리라고는 대서양의 거친 파도소리뿐, 퍽이나 무서울 법한 밤이었지만 어머니의 영이 함께 하는 듯하여 평온한 잠을 잘 수 있었다.

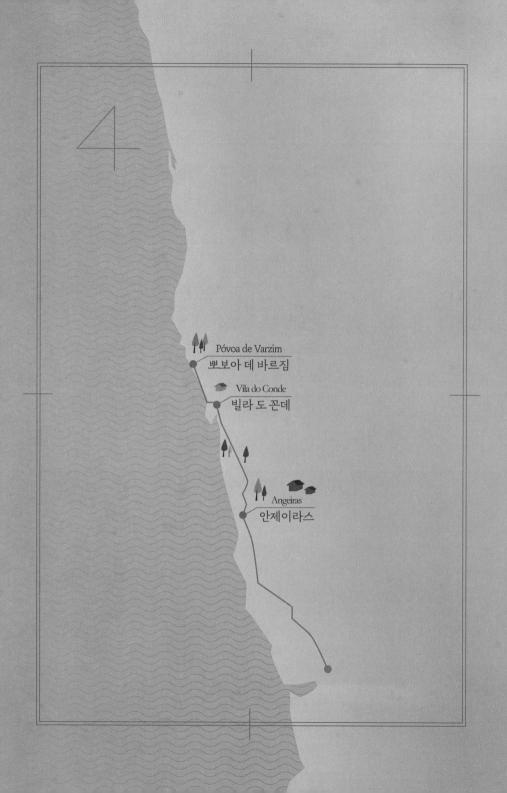

Póvoa de Varzim
뽀보아 데 바르짐

Vila do Conde
빌라 도 꼰데

Angeiras
안제이라스

🐚 두 걸음 14.5km ‖ 영혼이라는 실체는 무엇인가?

Angeiras → Vila do Conde → Póvoa de Varzim

어제 밤늦게까지 걸은 탓인지 아침 8시에 눈을 떴다. 프랑스길 같았으면 이미 길을 떠났어야 했다. 주섬주섬 옷을 챙겨 입고 배낭을 꾸린 뒤 잠깐 자리에 앉아 묵상을 하다 9시가 되어서야 천천히 길을 나섰다. 수려한 풍광의 대서양을 바라보며 걷는 해안길은 서두를 이유가 없었다.

석기시대부터 인류가 거주한 언덕

혼자 걷는 길은 사색하기에 안성맞춤이었다. 어젯밤 어머니께서 나에게 나타나신 것은 분명 영혼이었을 것이라는 생각이 들었다. '그렇다면 영혼은 무엇일까?' 하는 의문이 들어 나름대로 영혼의 정의에 대해 생각에 생각을 거듭해 보았다.

우리 인간은 돼지와 같이 그저 먹고 뒹구는 삶을 살기보다는 뭔가 의미 있는 일을 하고자 노력하고 있지 않는가. 그것은 인간이 영적인 실체이기 때문에 의미 있는 그 무엇인가를 추구하는 것이다. 이 말은 영혼이 육신으로 구체화되었다는 것을 의미하기도 한다. 사람들에게 영혼이 없다고 가정해 본다면 살아있는 순간의 쾌락만을 중요하게 생각하며 돼지와 같은 편안한 삶을 살려고 할 것이다. 그러나 우리들은 항상 기준을 세워 도덕성을 지키며 내세의 행복을 위해 노력하지 않는가. 이것은 영혼이 있기에 가능한 일일 것이다. 영혼은 우주와 교감하게 해주는 근본적인 에너지이며, 우리에게 생명력을 불어넣어주는 가장 중요한 그 무엇이다. 신과의 교감을 통해 구원을 받는 것도 바로 영혼의 몫이라고 할 수 있다. 대체적으로 영혼과 정신을 비슷하다고 믿고 있는 사람들이 많은데 그렇다면 정신은 도대체 무엇일까? 영혼과 별개로 정신은 신체에서 분리된다. 정신은 사람을 의식 있는 존재로 만들고 사고思考와 행동의 방향을 결정하도록 해 주는 지침서나 마찬가지이다. 결론적으로 인간은 정신을 지닌 영혼이 육신으로 구체화되었다는 의미로

해석이 가능하지 않겠는가 싶다. 내 말이 전적으로 옳다는 얘기는 아니지만.

　오래전부터 영혼에 대한 이야기는 많았다. 고대 그리스의 철학자 플라톤은 '영혼불멸설'을 내세워 원래 영혼은 이데아Idea의 세계에 존재하고 있었는데 잠깐 죄를 지어 육체에 갇혔다고 주장했다. 그래서 선한 영혼은 악한 육체의 욕망과 죄악을 이성으로 통제해야 하며, 영혼이 자유로워지기 위해서는 육체를 떠나는 것이라고 보았다. 이러한 사상의 영향으로 중세 기독교는 육체의 고행을 장려해 왔던 것이다. 그 고행 중의 하나로 순례도 포함되었다는 것은 당연한 일이었다. 그러나 나는 육체는 영혼을 위해, 영혼은 육체를 통해 선을 실현하는 영육일체론靈肉一體論이 타당하다고 본다. 중세의 금욕과 고행을 통한 소극적 영성靈性보다는 현대의 사랑과 선행을 실천하는 적극적 영성靈性이 더 환영받고 있기 때문이다. 어찌됐든 영혼에 대한 논의는 고대의 철학자들도 주요 대상으로 삼았으리만큼 활발했다. 인류 역사상 영혼을 부정한 사례는 유물론적 세계관을 내세운 공산주의자들을 제외하고는 거의 없다. 꾸준히 영혼의 실재를 인정해 왔다는 사실이 영혼의 존재를 확인시켜 주는 하나의 증거가 될 수 있으리라. 영혼이 확실히 존재한다는 관념적 사색을 하던 중 빗방울이 얼굴을 때리자 나의 의식이 현실로 되돌아왔다.

교량 위의 노란 화살표

　추적추적 내리는 비가 잘 정비된 해안 산책로를 더욱 운치 있게 만드는가 싶었는데 갑자기 멀리서 새까만 비구름이 몰려든다. 그 아래로 세차게 쏟아지는 빗방울을 바라보며 우의를 곧추 입었다. 우의를 입자마자 세찬 비가 얼굴을 때린다. 거기에 더해 지중해의 파도는 포말로 부서져 바람을 타고 내 얼굴을 강타하고 있었다. 비는 그쳤다 내리기를 반복한다. 그러는 와중에도 바람은 세기가 강도를 더해 갔다. 포르투갈 해안길 순례 이틀째이지만 내 앞에 걷고 있는 순례자를 이날 처음 보았다. 독일에서 왔다는 그녀는 1개월 휴가를 받아 까미노를 걷고 있다고 했다. 비가 그친 틈을 이용해 그녀에게 사진 촬영을 부탁했다. 나를 자연에 포함시킨 그림이 마그네틱 필름에 담겨지는 순간을 즐겼다. 다시 폭우가 몰아치자 세찬 바람은 우의를 이리저리 춤추게 만들었다. 옷이 젖는 것을 그냥 놔둘 내가 아니었다. 어제는 내가 당했을지 몰라도 오늘은 당하지 않겠다는 마음으로 우의의 앞쪽 끝자락을 한 손으로 잡아당기고 뒤쪽 끝자락도 다른 손으로 잡아 끌어내렸다. 나의 얼굴도 비바람과 정면 대결을 벌이고 있었다. 쉬고 싶을 때쯤 해안가에 카페가 나타났다. 비를 피해 카페로 들어간 나는 마냥 걸어가고 있는 독일 여성을 불러 세웠다. 그리고 카페로 들어오도록 한 다음 따뜻한 커피 한 잔을 대접했다. 따뜻한 커피는 목을 타고 아래로 내려간다. 그 따스함이 차가워진 몸을 녹여줬다. 그녀도 온기를 찾았으리라. 그녀는 이틀 동안 온몸으로 비바람과 맞서다 보니 너무 힘들다며, 다음 마을인 '빌라 도 꼰데Vila do Conde'에서 포르투갈 중앙길로 까미노를 변경하겠다고 한다. 얼마나 힘들었으면 원래 계획했던 해안길 순례를 내륙으로 변경할까 하는 생각에 그녀가 측은해 졌다. 모처럼 동행자를 찾았는데 만나자마자 이별이라니….

눈앞에 펼쳐지는 대서양! 장엄한 풍경의 파노라마를 바라본다. 키를 높여 집어삼킬 듯 달려들다 하얗게 부서지는 포말. 그 거대함에 보는 내가 압도당할 정도다. 안내 표지판 하나 없이 그저 지나가다 멈춰 서서 바라보는 풍경은 숨겨진 비경이었다. 하지만 비바람이 거세진 지금은 아름답다고만 여겨졌던 자연이 무서워지기 시작했다. 격노한 파도의 몸부림은 자연에 대한 경외敬畏로 바뀌었다. 신이 아니고서는 누가 이 장엄한 대자연을 창조할 수 있단 말인가. 대자연에 대한 경외심은 내 영혼을 맑게 만들었다. 자연을 통해 인간의 무력함을 느끼고 신을 두려워한다는 것, 그것은 포르투갈 해

선명한 노란화살표

안길에서 저절로 솟구친 나의 감성이었다.

지금까지는 별로 없던 노란 화살표가 나타났다. 너무도 반가
워 사진까지 찍고 그곳을 벗어나 제법 큰 도시인 빌라 도 꼰데Vila do
Conde 입구에 이르렀다. 아베Ave강을 건너 산타클라라 수도원의 웅
장한 모습과 산타클라라 수도원이 운영하는 알베르게를 옆으로 흘
리며 해안길로 접어들었다. 세찬 비바람 속에 중세풍의 배가 위태
롭게 아베강 기슭에 걸려있었다. 갑자기 나의 몸을 옆으로 밀어버
릴 듯이 세찬 빗줄기가 휘몰아쳤다. 폭풍우였다. 그래도 고지가 바
로 저긴데 예서 말수는 없었다. 마냥 빗속을 우산도 없이 걸어갔다.
한기가 온몸을 파고들었다. 옷이 완전히 젖어 카페에 들어가 점심
을 먹을 수도 없었다. 그저 비를 피하고 싶어 가까운 도시에 도착하
자마자 순례자 숙소인 알베르게Albergue부터 찾아 나섰다. 그러나 야
속하게도 알베르게의 모습은 어디에서도 찾아볼 수 없고 뾰족 솟
은 교회의 첨탑만 보였다. 현대식 교회의 문을 밀어보자 스르륵 문

동행

이 열린다. 잘 됐다 싶어 교회 안으로 발을 내딛었다. 오늘은 이곳에서 기도를 드려야겠다. 물을 뚝뚝 흘리는 젖은 옷 탓에 의자에 앉지도 못한 채 그냥 서서 기도를 해야만 했다.

어머니의 영혼이 돌봐주신 덕분일까? 기도를 마치고 밖으로 나오자 성당 문밖에 푯말이 보였다. 알베르게의 위치를 알려주는 것이었다. 원래 20km 이상을 걸으려 했지만 비바람도 몰아치고 하니 이쯤에서 멈춰서야 했다. 그런데 알베르게를 찾지 못해 낭패려니 했었는데 갑자기 알베르게 표지판이 눈에 띄는 행운이 찾아온 것이다. 신은 보이지 않는 가운데 우연을 가장한 도움을 나에게 제공하고 있었다. 이래저래 성당에 들어가기를 잘했다. 천신만고 끝에 찾은 알베르게에서 브라질 출신의 다니엘부부를 만났다. 우리는 서로의 사연을 얘기했다. 다니엘은 영어를 곧잘 해서 내가 어머니의 영정 사진과 동행하고 있다는 사연을 자신의 부인에게 통역했다. 그 말을 들은 다른 자원봉사자 할아버지는 나의 행동이 기특했던지 손빨래를 한 나의 양말을 스토브에 직접 말려주는 친절을 베풀었다. 저녁 식사는 배낭에 고이 간직한 된장을 물에 풀어 현지에서 산 라면을 넣어 끓였다. 지인, 지영 스님이 준 된장이었다. 된장 맛은 그야말로 미각을 자극하는 고향의 맛이었다. 그날 밤 자원봉사자는 대서양에 폭풍주의보가 내렸었다고 말하고 내일도 비가 내리면 하루 더 머물다 가야 한다는 충고도 잊지 않았다.

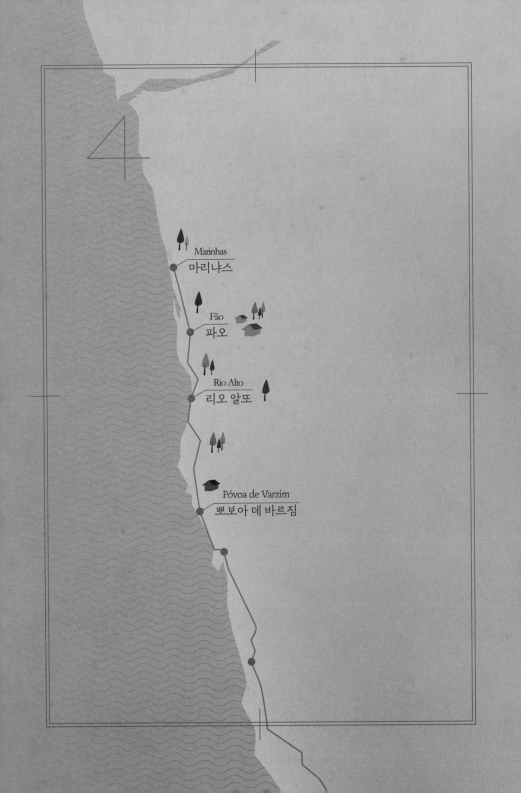

Marinhas
마리냐스

Fão
파오

Rio Alto
리오 알또

Póvoa de Varzim
뽀보아 데 바르짐

세 걸음 24.4km ‖ 나의 기도가 바뀌다

Póvoa de Varzim → Rio Alto → Fão → Marinhas

아침에 눈을 뜨고도 더 누워있었다. 오늘도 세찬 비바람이 몰아칠 것으로 예상했기 때문이다. 창문의 커튼을 젖혀보니 하늘이 점차 맑아지고 있었다. 간밤에 폭풍우가 이곳을 통과해 버렸나 보다. 걷는 사람도 없으니 프랑스길처럼 속도 경쟁을 할 필요도 없고 해안 까미노의 낭만과 여유를 즐기며 걸어가는 것이 당연한 일이었다. 느긋한 마음으로 어제에 이어 오늘도 느림의 미학을 실천하고 있었다.

해변 푯말에 산티아고 223km라고 쓰여 있다. 그러나 곧이 믿을 내가 아니다. 관광안내소 직원의 말에 따르면, 거리는 마을을 잇는 도로 중심으로 돼 있어 해변 산책로를 따라 걷는 사람은 구불구불 돌아가는 거리를 조금씩 더해야 한다고 했다. 아직도 대서양의 뿌연 물보라가 마을을 휘감고 있어 안개에 싸여있는 듯 신비로워 보

해무에 덮인 마을

인다. 이제는 산책로 말뚝에도 간간이 순례길임을 표시하는 조가
비와 노란화살표가 드문드문 눈에 띈다. 지나가는 조깅족을 붙잡
고 조가비가 다닥다닥 붙어있는 상징물 앞에서 사진도 찍어 보지
만 영 마음에 들지 않는다. 잠깐잠깐 마을 골목을 지나가기도 했지
만 해변을 따라 이어진 나무산책로는 피로감을 완화시켜준다. 파
도에 지쳐갈 때쯤 '빌라 데 아구사도우라Vila de Aguzadoura' 마을 입구

순례상징 조가비가 주렁주렁 매달려있다.

에 이르렀다. 이때부터 파도
소리는 들리지만 파도가 보
이지 않는 옛길을 따라 진입
했다. 수 킬로미터를 걸었을
까? 오늘 출발지에서 10km
지점이라는 '리오 알토' 마을

동행

은 지나친지 이미 오래전 '아뿔리아Apúlia' 마을 입구에 다다르자 붉은 지붕에 흰색 칠을 한 제법 큰 규모의 성당이 나타났다.

　신기하게도 성당 문이 열려있다. 먼저 주모경을 바친 뒤 부모님들의 영혼을 위한 기도를 드렸다. 그러다 문득 오늘 나처럼 까미노를 걷고 있는 사람들을 떠올렸다. 그리고 까미노를 걷다 명을 달리한 분들과 까미노를 걸어가고 있는 모든 사람들을 위해 기도를 드렸다. 나는 원래 어릴 적부터 개신교 신자였다. 일찌감치 세례도 받아 표면적으로는 번지르르한 개신교도였지만 온갖 핑계와 구실을 대가며 일요일 예배에 참석하지 않곤 했었다. 예배에 참석하기보다는 사진 촬영하러 가기를 좋아했고, 기도하기보다는 남들과 대화하며 지내기를 좋아했다. 그러나 가슴 한 귀퉁이의 허전함은 채워지지 않았다. 그러던 어느 날 심각한 병마가 찾아왔다. 힘들거나 어려울 때는 신을 찾는다고 했던가. 나는 가톨릭교회의 문을 두드렸다. 그리고 한 사제의 정성 어린 기도로 병마는 치유됐다. 그 뒤 우리 부부는 곧바로 산티아고 순례에 나섰다. 그렇게 싫어하던 기도였건만, 2013년 아내와 같이 산티아고 순례를 할 때는 무슨 변덕인지 마을마다 성당에 들러 미사(개신교에서는 예배)를 드리며 기도하고 다녔다. 길 위에 숱하게 나 자신과 우리 가족을 위한 기도를 뿌려놓고 다녔었다. 실제로 그 당시까지만 해도 남을 위해 기도를 한 적이 없었다. 그러나 어머니의 빈자리는 기도의 목적을 완전히 바꿔 놓았다. 미사 때마다, 홀로 기도를 바칠 때마다 어머니보다 앞서 떠나가신 아버지는 물론이고 장인, 장모님을 비롯한 먼저 가신 모든 분들을 위해 기도를 드려왔다. 그런데 오늘부터는 기도의 범위를 더 확장했다. 까미노를 걸었거나 걷고 있는 모든 사람들을 위해서도 기도를 드리는 것이다. 내가 너무도 힘들기에 남도 힘들 것 같아서다. 모든 순례자들의 염원도 함께 이뤄지기를 소망하면서. 중앙 제대를 향해 정중히 인사한 뒤 성당 문을 나서자 성당 안에서 기도를 드렸던 한 할머니가 따라 나온다. 아마도 나이 지긋한 수녀님인 것 같았다. 포르투갈어로 순례자냐고 묻는다. 그리고 간절한 기도가 반드시 이뤄질 것이라며 산티아고까지 잘 가라는 말도 잊지 않는다. 말은 통하지 않지만 영혼은 교감하는가 보다. 포르투갈어와 에스파냐어가 서로 비슷해서인지는 몰라도 그 분의 말을 어느

　　　　　　　　　　　　　　　　　　　　　　　　　동행

정도나마 알아들었으니 하는 말이다. 나와 교감한 분의 격려는 가슴을 뭉클하게 만들었다.

발가락이 조여드는 듯 아파오기 시작하자 해변 산책로가 그리워졌다. 나의 바람에도 불구하고 까미노는 웅덩이와 진창으로 얼룩진 산길과 울퉁불퉁한 자갈길로 이어진다. 가까스로 파오Fão 마을 입구의 레스토랑에 도착했다. 신발을 벗고 발을 주무르다 순례자 메뉴를 시켜 점심을 때웠다. 거의 1시간을 쉰 뒤 배낭을 들어 올리니 무거워도 너무 무겁다. 프랑스길 32일을 걸을 때도 이처럼 배낭이 무거웠던 적이 없었는데…. 어제 폭풍우에 젖은 옷을 빨았는데 마르지 않아 물기 가득한 옷을 비닐에 쌓아 넣은 것이 화근이었다. 또한 배낭 안에는 가게가 없을 것에 대비하여 저녁거리를 미리 사서 넣어 두었다. 그러니 무게가 사상 최고치를 경신했을 것이다.

거리로 나서자 한 미국인이 거리를 헤매고 있었다. 점심 식사를 해야 하는데 바bar가 문을 열지 않았다는 것이다. 내가 점심 식사를 했던 곳은 이미 한참 지나왔다. 전진에 전진을 거듭해야 하는 순례자가 뒤돌아 길을 걷는다는 것은 상상조차 할 수 없었다. 파오 마을의 모든 바는 문을 닫았다. 어쩔 수 없이 미국인은 나를 따라 까바도Cavado강 위를 가로지르는 교량을 건너야 했다. 앞서 걷던 내가 교량 중간쯤에서 뒤를 돌아보니 그가 없어져 버렸다. 강으로 떨어진 것은 아닐 텐데. 교량의 인도는 철근으로 엮어 교량 밖으로 달아낸 좁은 철판이었다. 담력이 적은 사람은 교량의 인도를 걷는데 공포를 느낄 수도 있었으리라. 그는 아찔한 인도를 걷지 못하고 지나가는 차를 세워 타고 올 심산이었나 보다. 교량을 다 건넌 나는 그를 기다려 줬다. 그가 오자 그와 보폭을 맞춰 걸었다. 에스뽀센데 Esposende 시가지에서 그는 식당을 찾아 도심으로 들어갔고, 나는 계속해서 순례길로 나아갔다. 그런데 그와 헤어지자마자 카페와 바가 즐비한 거리가 나타나는 것이다. 나를 따라왔으면 배불리 식사를 할 수 있었을 텐데. 과연 그는 식사를 제대로 했는지. 도시의 가장자리에 다다르니 제법 근사한 교회가 웬일인지 문을 열어놓았다. 오늘은 기도를 성당 안에서 두 번씩이나 드릴 수 있으니 얼마나 행복한 날인가!

오늘은 미국인을 만났고 그보다 앞서 사르데냐섬에서 왔다는 이탈리아 부부 일행 세 사람도 만났다. 이들 이탈리아인 3명은 같이 걸으면서 나와 함께 동행하기를 원했다. 그러나 사람마다 인생의 속도가 다르듯 걷는 속도도 달랐다. 그들은 속도가 너무 느렸다. 걷다 보니 어느새 내가 앞서 가고 있었다. 나는 그들에게 천천히 걸어 오늘의 종착지에서 만나자며 슬그머니 나만의 속도로 걸어갔다. 원래 프랑스길을 걸을 때는 시간당 4~5km를 걸었다. 그런데 이곳 포르투갈 해안길에서는 나중에 계산해 보니 1시간에 3km를 약간 초과하게 걸었을 뿐이었다. 그런데도 그들은 나를 따라잡지

못했다. 그래도 오늘은 순례자를 4명이나 만났다는 사실에 감동했다. 워낙 사람보기가 힘든 코스라 순례자를 봤다는 자체만으로도 기쁘다. 사실 그 이탈리아인 3명이 산티아고 대성당에 입성하는 날 나와 기쁨을 나눴던 유일한 사람이었다. 그 뒤 이틀 후에 다시 한 사람을 만나긴 했지만.

번잡한 도시 에스뽀센데Esposende를 벗어났다. 까미노를 의미하는 조가비 화살표는 도로를 따라 가도록 돼 있었지만 나는 한적한 왼쪽 해변 산책로로 방향을 틀었다. 발가락은 터질 듯 조여오고 발바닥은 화끈거리니 나무 산책로가 더 편할 것 같아서였다. 해안만 따라가면 길 잃을 염려는 없으니 화살표를 무시하고 몇 킬로미터 더 우회한다고 해서 별일 있겠는가. 대서양의 파도는 무서우리만치 해안으로 몰아친다. 해안가 마을이 파도의 물보라로 뿌연 안개에 뒤덮여 있는 듯 보인다. 까미노로 가지 않고 우회 산책로를 택한 것이 나에게 행운을 안겨줬다.

　산책로 말미에 현지인 민박으로 보이는 집 표지가 있었다. 대서양을 내려다 볼 수 있는 마을의 풍광이 좋아 민박집으로 들어갔다. 나중에 안 일이지만 그로부터 100미터만 더 가면 알베르게가 있었단다. 민박집 1층은 바bar와 미니 슈퍼마켓, 2층은 주인 가족이 기거하였고 3층이 민박용 방이었다. 3층에 올라가자 눈이 휘둥그레질 정도로 깨끗하다. 주방용기도 완전 새 것이고 더블 침대도 정갈하다. 15유로에 방 3개와 주방 1곳, 응접실 1곳을 독차지 했다. 미니슈퍼에 들러 참치통조림과 콜라 1병을 사고, 양파와 쌀을 사려니 그냥 준다. 공산품은 돈을 받되 직접 농사지어 수확한 농작물은 돈을 받지 않겠단다.

민박집의 노 부부와 함께

노부부는 마치 우리 시골 마을의 할아버지와 할머니 같이 인자했다. 빨래와 건조도 그냥 해 준다. 3층 창을 통해 바라보는 대서양의 자태는 크다 못해 무서울 정도였다. 대자연의 경이로움도 역시 신이 우리에게 선물한 가장 값진 것이리라. 발코니로 나가

대양의 푸른 물을 바라보며 심호흡을 했다. 11월의 차가운 바닷바람이 얼굴을 때렸다. "아들! 추운데 얼른 들어가자."라는 어머니의 목소리가 들리는 듯했다.

손수 지은 하얀 쌀밥에 참치국을 얹어 저녁 식사를 했다. 참으로 많은 양을 배불리 먹었다, 시골 노부부의 순박한 정이 듬뿍 담긴 밥을. 너무도 정이 가는 정다운 집이라 다음에 다시 한 번 이곳을 방문하리라 마음먹으며 포근한 침대에 몸을 뉘였다.

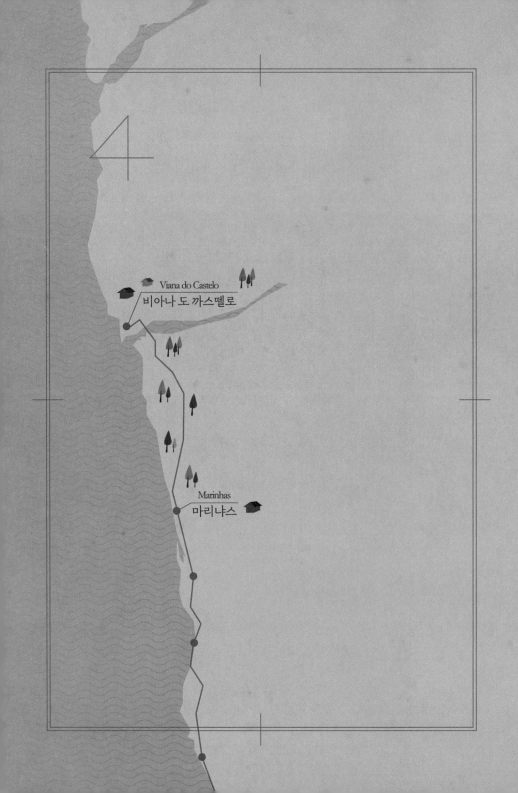

네 걸음 20.5km ‖ 배려는 사랑이다

Marinhas → Viana do Castelo

천정 유리창을 때리는 빗방울 소리가 나의 꿀잠을 방해했다. 그러나 안락한 집 분위기 때문이었을까? 침대에서 뒤척이면서도 일어나질 못했다. 8시경에야 일어나 창밖을 내다보니 하늘은 먹구름으로 덮여 있고 대서양의 물결은 상당히 위협적이었다. 오늘 하루를 이곳에서 더 머물까? 고민이다. 몸은 머물고 싶었지만 마음은 서둘러 떠나라고 재촉하고 있었다.

그래! 순례는 고통이다. "No Pain, No Glory."라고 외쳐오지 않았던가. 고통 없이는 영광도 없으니 빗속에서 고행을 해 보자. 우의를 뒤집어쓰고 해안을 걷는데 난데없는 총성이 울려 퍼졌다. 20여명의 사냥꾼들이 사냥개를 데리고 토끼 사냥에 나선 것이다. 해안

토끼 사냥꾼과 함께

주변 잡목과 풀 속에 토끼들이 많이 산단다. 어떤 날에는 사슴도 뛰어나온다는 것이다. 초겨울에 사냥을 해야 다음 해 농작물에 피해가 덜

간다니 어쩔 수 없는 일이라고 해명한다. 엽총을 둘러맨 사람들과 몇 마디 얘기를 주고받은 뒤 위험한 해변을 피해 마을길로 접어들었다. 마을에는 순례길 방향표시가 전혀 없어 길을 찾기 어려웠다. 다시 해변 쪽으로 향했으나 농부들이 가르쳐주는 까미노Camino는 중구난방이라 길을 잃어버렸다. 포르투갈 농부들은 실제로 산티아고 가는 순례길을 잘 몰랐다. 그저 찻길만 가리킬 뿐이었다.

마음 가는대로 마을을 찾아 들어갔다. 이미 한 시간 넘게 길을 잃고 헤맨지라 배가 고팠다. 그 마을의 바에 앉아 콜라와 보카디요(샌드위치)를 시켰다. 그런데 한 할머니가 내 곁으로 다가와 '많이 먹으라'며 내 음식값을 이미 계산했단다. 너무 고마워 마음 가득 담

아 포옹하고 따뜻한 배려에 감사한다고 말을 전하자 자신이 아닌 다른 순례자에게 배려를 하라고 말한다. 음식값 계산보다 다른 사람에게 친절을 베풀라는 말이 아름다워 기념 촬영을 같이 하고 bar를 나섰다. 물론 나도 순례 둘째 날 독일 여성에게 따뜻한 커피를 사주며 추위를 쫓아내라는 배려를 한 적이 있었지만 우리는 동질감을 가진 순례자였다. 동네 할머니의 순례자를 위한 따뜻한 배려, 사랑이 없으면 어떻게 이런 일을 할 수 있겠는가.

포르투갈길을 걷기에 앞서 지난 10월 프랑스길을 걸을 때가 생각났다. 당시 단연 돋보이는 사람 둘이 있었다. 불교 승려인 지인, 지영 스님이었다. 지인 스님은 혜안이 돋보이는 인자하신 분이었고, 지영 스님은 묵묵히 계시면서도 모든 것을 다 알고 계신 듯 했다. 두 분과 함께 걸으면서 처음으로 어머니의 영혼을 위해 기도하며 걷는다는 얘기를 했다. 두 분께서는 그 뒤 불교 승려임에도 가톨릭교회에 들러 나의 어머니를 위해 기도해 줬다. 성인聖人의 발자취를 쫓아가는 일은 불교나 가톨릭이나 다를 바 없다던 두 분께서는 종파를 초월하여 사랑을 실천한 분이었다. 또한 순례를 마치고 산티아고 데 콤포스텔라의 카페에서 자신들이 가지고 있던 것을 모두 나에게 건네주며 포르투갈길 순례를 잘 마치도록 배려해 주었다. 그 두 분 스님을 생각할 때마다 진정한 종교인으로서 배려를 생활화한 분이라는 생각이 든다.

갈림길의 이정표

　마을을 벗어나자 까미노를 가리키는 화살표가 나타났다. 내 생
각대로 움직였지만 제대로 길을 찾은 것은 동행하고 계시는 어머
니의 도움이 아닐까? 아름다운 산길이 두 갈래로 갈리고 그 사이
에 붉은 돌기둥이 자리를 지키고 있었다. 수많은 순례자들의 염원
이 담긴 작은 돌들이 그 아래에 수북하다. 좁은 등산로를 따라 가는
데 앞에 걷던 노부부가 나를 기다린다. 그리고 이 길이 순례길이 맞
는지를 묻는다. 나도 잘 모르는 길이지만 확신에 찬 목소리로 맞다
고 대답하고 "아름다운 동행을 하고 계시네요"라며 인사를 건넸다.
아기자기 귀엽게 생긴 좁은 등산로를 따라 내려가니 기다란 돌다
리 아래로 빗물에 불어난 물이 빠르게 흘러가고 있었다. 돌다리의
아름다움도 아름다움이겠지만 그 아래로 흐르는 물이 장난이 아니
다. 자칫 발을 잘못 디디면 하늘나라로 직행할 정도로 세찬 물결이
현기증 나게 만들 정도였다. 물이 일관되게 한 방향으로 흐르는 것
처럼 자식에 대한 부모의 사랑도 아래로만 흐르는 것이 세상 이치

돌다리 아래를 흐르는 물결

아닌가. 어머니의 사랑은 끊임없이 자식을 향했지만 자식은 또다시 자신의 자녀에게로 사랑을 쏟는다. 그러다 보니 부모에게는 신경도 쓰지 못하는 존재가 인간인가 보다. 돌아가신 후에야 불효를 후회하고 슬퍼하다니…!

까스뗄로 도 네이바Castelo Do Neiva 마을 입구에 노란색의 아름다운 알베르게가 있었지만 아직은 멈출 때가 아니다. 8부 능선에 위치한 성당을 향해 깔딱고개를 오른다. 대서양의 넘실거리는 물결이 비안개 속에 뿌옇게 보였다. 이제부터는 산길이다. 순례길은 불어난 빗물로 인해 물길로 변해버렸다. 수로가 된 길을 철퍽철퍽 걸어갔다. 등산화와 하의는 온통 물 천지, 그나마 다행인 것은 예전처럼 바람이 불지 않아서 우의가 얌전히 있었기 때문에 상의는 젖지 않았다는 사실이다. '피할 수 없다면 즐겨라.' 어차피 쏟아져 흐르는 물길은 피할 수 없었다. 첨벙첨벙 걸으며 이곳저곳 사진을 찍어댔다. 오로지 여권만 젖지 않기를 바라면서. 내 등에 업혀 있는 어머니도 나의 천진난만한 모습을 보며 웃지 않았을까?

산길을 벗어나자 성당의 정면이 보인다. 성당 옆에는 대형 공동묘지가 마치 실과 바늘처럼 연결돼 있었다. 산 자와 죽은 자의 경계가 이처럼 가깝게 펼쳐져 있으니 우리의 삶도 어느 날 조용히 경계를 넘어갈 수 있으리니…. 마을길을 돌아갔다. 아마도 '빌라 노바 데 아냐Vila Nova de Anha' 마을이었을 것이다. 세요를 찍어가도록 문을 열어놓은 성당에 들어가 우의를 벗고 차분한 마음으로 기도를 하기 시작했다. 오늘도 기도를 빼먹지 않아 다행이라는 마음으로 장인, 장모님을 위한 특별기도로 파티마 성모님께서 바치라던 묵주기도를 드렸다. 묵주기도는 삼사십 분의 시간이 소요된다. 밖으로 나오니 앞서 만났던 이탈리아인 3명이 걸어간다. 서로가 반가워 손을 들고 이탈리아 순례자는 "꼬레아노Coreano"를 부르고 나는 "이딸리아노스Italianos"를 외치며 포옹했다. 순례자들 간에는 끈끈한 연대와 소속감으로 연결돼 있다. 포옹을 하면서도 서로의 등을 두드리며 격려했다. 남녀의 구분도 없었다. 반가움에 이탈리아 여성은 나를 껴안고 뺨에 가벼운 키스도 주저하지 않는다. 이탈리아인 순례자는 남성 1명과 부부인 두 남녀가 항상 함께 걸어갔다. 그 중에서 여성 순례자가 다리를 다쳤는지 절름거리며 천천히 걷고 있는 모습이 안쓰러웠다. 그들과 잠시 같이 걸었으나 대서양과 마주한 리마Lima강에 이르자 그들의 모습은 보이지 않았다. 리마 강변에 조그마한 성당이 출항하는 어부들의 수호천사로 물가에 우뚝 서 있었지만 곧 물에 잠길 것 같이 위태로워 보였다. 리마강의 교량은 인도가 좁고 바닥이 철판으로 돼 있어 빗물에 미끄러웠다. 그래서 약간의 두려움도 생겨났다. 미끄러운 바닥을 조심스레 걸으며 "어머니 여기 위험하죠."라고 말하는데 갑자기 어머니와 함께 하던 옛 생각에 눈물이 쏟아졌다. 왜 그렇게 하염없이 눈물이 솟구쳤는지…. 어머니께서는 일생을 막내아들인 나에게 정을 쏟으며 살았기 때문에 더더욱 슬펐다. 어머니께서는 자신의 인생도 보살피며 살았어야 했는데 아들 공부시키겠다고 모든 것을 희생하셨다. 다행히 아무도 없는 교량 중간이었고 빗물이 얼굴로 흘러내려 일부러 눈물을 닦을 필요가 없었다.

비아나 성당 부속 알베르게, 시설이 열악했다. 그렇지만 뽀르뚜에서 해안 까미노 순례를 시작한 이래 처음으로 정식 가톨릭 미사에 참석할 수 있는 행운은 가질 수 있었다. 저녁 6시 주일미사에 참석하여 가톨릭 신자의 의무를 완수한 다음 저녁 식사를 빵으로 해결하고 비좁은 침대에서 하룻밤을 보냈다. 난방을 하지 않은 알베르게는 비에 젖은 몸을 녹이기에는 역부족이었다. 밤새도록 새우잠을 자야했다.

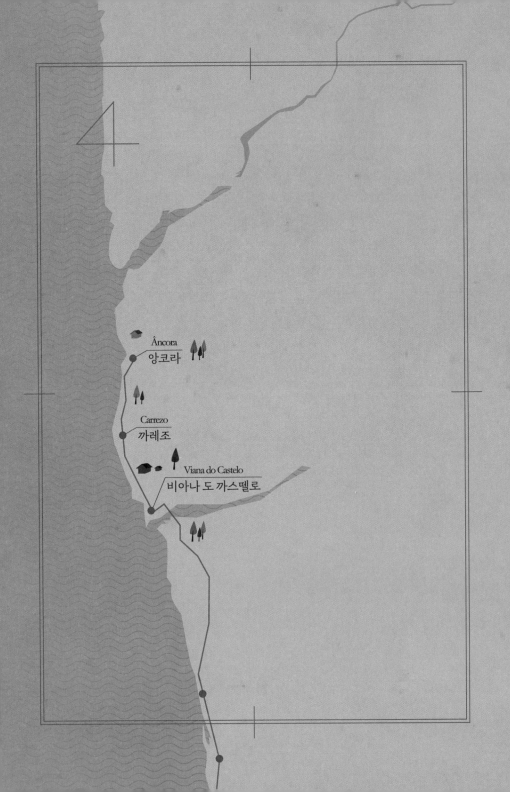

Âncora
앙코라

Carrezo
까레조

Viana do Castelo
비아나 도 까스뗄로

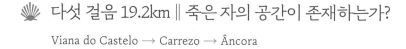

다섯 걸음 19.2km ‖ 죽은 자의 공간이 존재하는가?

Viana do Castelo → Carrezo → Âncora

비아나 도심은 조개 문양이나 노란 화살표 같은 까미노(Camino, 순례길을 의미)가 전혀 없다. 묻고 물어 차도를 따라 가던 중 어느 할머니 한 분이 나를 불러 세운다. 그리고 나에게 까미노를 잘못 가고 있다며 자신을 따라 오란다. 언덕길에 올라서자 노란 화살표가 희미하게 보였다. 할머니는 그 길을 곧장 따라가 언덕을 넘으라며 총총걸음으로 자리를 뜬다. 이 또한 순례자를 위한 배려이리라.

"어머니 오늘은 날씨가 좋다니 구경 한 번 해 보시죠."

오늘은 아침부터 운이 좋다. 언덕의 성당에 들어갈 수 있었으니 하는 말이다. 성당에서 오늘의 출발을 알리는 기도를 드린 뒤 산티아고를 향해 전진했다. 시대의 변화가 비켜 간 듯한 돌담길, 수백 년의 세월을 간직한 마을들, 이곳에서만큼은 옛 전통과 유물은 낡고 케케묵은 것이 아니라 반드시 지키고 싶은 삶의 향기처럼 보였다.

이러한 옛것들이 즐비한 옛길이 순례길이 지닌 매력이다. 언덕길을 넘고 넘어, 돌담길을 돌고 돌아 얼마를 나아갔을까? 높은 돌담길 사이로 자전거를 탄 순례자 서너 명이 다가온다. 그중 한 명이 자전거를 멈추고 "부엔 까미노Buen Camino"라는 인사를 건네며 어느 나라에서 왔느냐고 묻는다. 자랑스럽게 나는 "꼬레아 델 수르Corea del Sur"라고 말하자 이 길에서 처음 본 한국 사람이라며 다시 페달을 밟는다. 원래 좁은 순례길을 걸어갈 때 자전거가 딸랑거리며 다가오면 옆으로 비켜 서 주느라 참으로 불편했다. 그래서 걷는 사람들은 자전거를 탄 순례자들을 싫어했다. 그런데 오늘은 그들마저도 반갑다. 워낙 지나

마을 돌담길

가는 사람이 없어서이다. 지겨우리만치 돌담 사이의 돌길을 걸었고 숲길도 걸었다. 돌담 뒤의 공간은 어떻게 구성되었을까?

나는 걷는 자만이 가질 수 있는 사유(思惟, Thought)의 시간에 공간(空間, Space)을 주제로 생각을 하기 시작했다. 시간과 공간이 섞이고, 보이는 것과 보이지 않는 것이 뒤섞이며 내가 느끼는 감정들이 그 속으로 녹아들어 가는 것 같았다. 우리 인간은 자신만의 공간을 원하기에 이곳 옛 순례길처럼 자기 집을 둘러싼 돌담을 만들었다. 개인의 돌담은 곧 가족의 공간이 되었고, 그 공간은 다시 사회공동체의 공간에 포함되었다. 또한 사회공동체의 공간은 국가라는 공간에 속하게 되었다. 그렇듯 사람은 공간을 만드는데 익숙하다. 지구라는 공간은 우주라는 공간에 포함되듯 공간은 끊임없이 확대된다. 나 자신도 하루의 걷기를 끝내고 알베르게에 들어갔을 때 나만의 침대를 원하지 않았던가. 현지인 민박집에서 하루를 보냈던 날 그렇게 행복해 했던 것도 나만이 이용하는 공간이 있었기 때문이었다. 이처럼 인간은 공간을 분리하는데 익숙하다.

그렇다면 삶과 죽음도 별도의 공간으로 분리해 놓았을 뿐 특별한 의미가 없는 것 아닌가? 삶의 저편 새로운 공간, 즉 死의 공간이 있을 것이라는 생각은 순례 기간 동안 나의 뇌리를 떠나지 않았다. 우리 인간은 아직 시간과 공간을 초월한 4차원의 수수께끼조차도 풀지 못했다. 그런데 과학자들은 이 지구상에는 최소한 11차원까지 존재한다고 말한다. 그 이상의 차원, 즉 20차원 30차원까지도 있을 수 있지만 아직 규명하지 못했을 뿐이라는 것이다. 아직 4차원도 정복하지 못한 인류가 죽은 자의 영혼이 머무는 공간을 어찌 이해할 수 있을까? 소위 가톨릭에서 말하는 지옥, 연옥과 천국도 죽은 자의 공간을 분리해 놓았다는 증거가 될 수 있다. 같은 공간에 머무는 사람은 동질감을 느낀다. 반면 다른 공간에 머무는 사람과는 이질감을 느끼는 것도 사실이다. 그래서 산 자는 죽은 자와 이질감을 느끼며 죽은 뒤에는 아무것도 없다고 말하기도 한다. 생각의 폭을 조금만 확장시켜 나의 공간 저 너머에 무엇이 있을지를 한 번만 더 생각해 본다면 해답은 간단한 것을. 나의 어머니도 나와 사는 공간만 다를 뿐 일직선상에 찍힌 시작과 끝이라는 두 점을 통과하여 다른 공간에 존재하는 순례자이리라. 보이지 않는다고 존재하지 않는 것은 아니다.

돌담 끝자락의 어느 집 문고리에 빵이 걸려 있다. 우리나라의 우유 배달처럼 이곳은 모닝빵 배달이 있나보다. 아침을 거른 순례자들도 있겠지만 어느 누구도 탐스러운 그 빵을 먹는 이는 없었다. 높디높은 돌담길이 우리의 시골 풍경을 연상시켜 정겹다. 강물도 건너고 산길도 걸어 제법 큰 시골 마을에 도착했다. 성당 아래에 있는 바bar에서 콜라를 마시고 있는데 3명의 이탈리아인들이 들이닥친다. 세 번째 만나는 이들이 너무 반갑다. 누가 먼저랄 것도 없이 이

동행

순례길에 피어난 꽃

탈리아 여성이 나를 꼬옥 껴안고 양쪽 볼에 인사를 한다. 그 다음은 그녀의 남편과 포옹을 하고 나머지 남성과도 포옹을 하며 서로 으스러지게 힘껏 껴안았다. 한바탕 웃음으로 대화를 하고 같이 출발하자고 제의했다. 그러자 이탈리아 여성의 남편이 자신들은 걸음이 느려 나를 따라 갈 수 없지만 더 오랜 시간을 걸어 나를 따라잡을 테니 먼저 출발하라고 말했다. 그리고 내 콜라 값도 계산해 버렸다. 나는 며칠 전 독일 여성에게 커피 한 잔 대접했을 뿐 다른 사람에게 친절을 베풀지 못했는데 다른 사람들로부터 계속 배려를 받으니 몸 둘 바를 몰랐다. 그의 호의에 고맙다는 인사를 하고 먼저 바를 나섰다.

다시 산길이다. 산에서 내려다보는 대서양은 이제 호수처럼 맑은 푸른빛으로 내게 다가왔다. 아름다운 곳이다. 순례길은 아직도 어제 내린 비로 질퍽하다. 물이 흐르는 길을 피해 수풀 무성한 샛길로 돌아가기도 했다. 물길을 빠져나오니 마치 어머니가 나를 반기듯 아름다운 꽃이 햇빛에 반사되어 영롱하게 나를 맞이한다.

"어머니! 꽃이 아름답죠?"

각박한 세상을 사느라 꽃을 즐길 만한 여유도 없이 지내온 어머니에게 보여주고 싶은 꽃이다. 그 아름다움을 카메라에 담았다. 땅바닥에 돌을 박아 조성한 순례길을 걷는 재미도 솔솔 했다. 지도나 안내서도 없이 다니기 때문에 어느 마을인지도 모르지만 산 높은 곳에 대서양을 굽어보는 조그만 성당이 자리 잡고 있다. 대양에서 조업하는 부모 형제가 무사히 돌아오기를 기원하는 곳이리라, 우리의 옛 서낭당처럼.

포르투갈 해안길이 통과하는 마을 중 큰 편에 속하는 앙코라 áncǒra에 도착했다. 오늘은 이곳의 수려한 풍광을 감상하며 지내고 싶었다. 그래서 알베르게를 찾았으나 모든 사람들이 호텔을 알려 준다. 얼마 전 프랑스길을 걸을 때 포르투갈길은 소방서에서 알베르게 역할을 대신하는 곳도 있다는 말을 들었다. 그래서 소방서를 찾아가 알베르게를 찾으니 해변으로 내려가면 알베르게 격인 호스텔이 한 곳 있다고 알려 주었다. 해변 도로에서 바라보는 대서양은 실로 장엄하고도 위엄이 있어 보였다. 조그마한 글씨로 '알로하미엔또Alojamiento'라고 쓰인 호스텔을 발견했다. 알로하미엔또는 숙박이라는 뜻이다. 안에 들어서니 영락없는 순례자 숙소 알베르게다. 부엌까지 갖췄다. 그때 전에 만난 적이 있던 미국인이 문을 열고 들어섰다. 그는 저녁거리를 준비하지 못했다며 어물쩍거리고 있었다. 라면 4개를 갖고 있던 나는 그에게 2개를 기꺼이 주었다. 라면에 된장을 풀어 끓였는데도 그는 맛있다며 먹는다. 그는 자신의 부

동행

친과 아내의 부친 모두 한국의 6.25전쟁 참전용사라며 휴대폰을 꺼내 군복을 입은 부친의 사진을 보여줬다. 부친이 6.25전쟁 참전용사라는 것만으로 우리의 연대는 끈끈해져 와인 한 병을 가져와 나눠 마시며 서로의 우정을 확인했다. 그는 나이가 나보다 세 살 위였지만 기꺼이 친구라고 불렀다. '고작 두 번 만나고 무슨 우정이니 친구이니 하는 건가.'라는 사람도 있겠지만 이 해안길은 프랑스길과는 확연히 다르다. 늦은 가을 그것도 초겨울에 이곳 까미노를 걷는 사람은 거의 없으니 두 번만 만나도 정겹다. 그런 이유로 이탈리아인이 나에게 콜라 대접을 하며 살갑게 맞이한 게 아닌가.

나는 미국인 필립 젠킨스와 순례길에서의 의사소통에 대해 얘기했다. 필립과 얘기할 때는 그렇게 영어가 잘 들리는데 유럽 사람들과 얘기할 때는 발음을 알아들을 수가 없으니 힘들다고. 그러자 필립이 자신도 유럽인들의 발음을 알아듣지 못한다며 오히려 나의 영어가 미국 동부 스타일로 더 잘 알아들을 수 있다고 말했다. 그리고 영어의 본고장인 영국에서도 의사소통이 잘 안 될 때가 많은데 영어를 모국어로 쓰지 않는 사람의 말을 어찌 100% 알아들을 수 있느냐고 반문했다. 유럽 사람과 얘기할 때는 자신도 추측하며 들어 줄 때가 많단다.

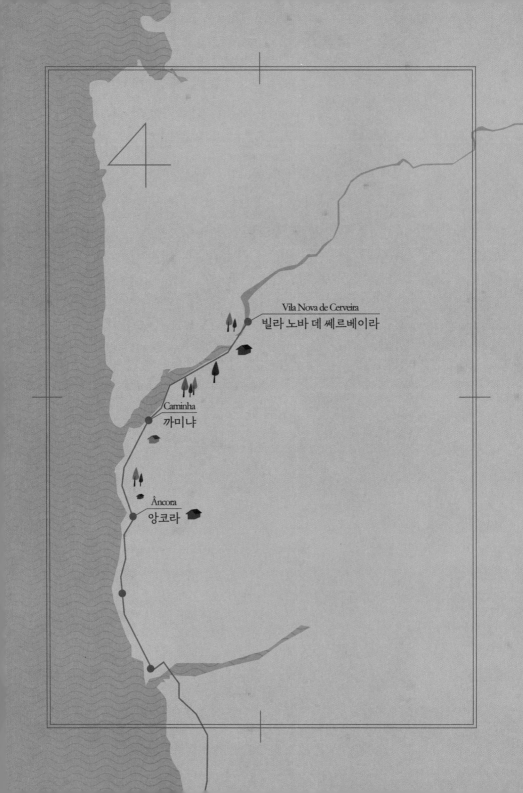

Vila Nova de Cerveira
빌라 노바 데 쎄르베이라

Caminha
까미냐

Âncora
앙코라

여섯 걸음 23.2km ‖ 어머니의 경고가 현실이 되다

Âncora → Caminha → Vila Nova de Cerveira

아침부터 해변길을 따라 걸으니 폐부 가득 상쾌함이 가득 찬다. 마음까지 시원하다. 멀리 보이는 에스파냐 국경의 높다란 산에 하얀 구름이 길게 드리워져 있어 신비로움을 더하는 가운데 포르투갈의 성채가 대서양을 감시하며 에스파냐와 맞닥뜨리고 있는 모습은 가히 천상의 그림과 견줘도 손색이 없으리라. 나 자신도 절경 속

까미냐 마을 건너편 에스파냐

으로 녹아들어 한 폭의 그림으로 남고 싶었다. 그래서 산책 중인 노인에게 사진 촬영을 부탁하고 아름다운 풍광 앞에 섰건만 10여 분 동안 휴대폰을 만지작거리기만 할 뿐 셔터를 누르지 못한다. 수십 번을 가르쳐 주고 또 가르쳐 주다 그만 촬영을 포기하고 나 자신이 녹아들어 가지 못한 풍경 사진만을 직접 촬영했다. 이대로 해변을 따라 산티아고까지 걸어갔으면 좋으련만 1시간도 채 가지 못해 마을로 들어섰다.

까미냐Caminha에서 미뇨강을 가로지르는 배를 타면 곧바로 에스파냐 땅으로 들어설 수 있지만 배편은 오후 3시 30분에나 있단다. 지금은 고작 10시 30분인데…. 바에 앉아 커피를 마시며 1시간여를 쉬었다. 그리고 에스파냐와 포르투갈의 국경인 미뇨강을 따라 거슬러 올라가기 시작했다. 19번 로마가도가 통과하는 포르투갈의 국경도시 발렌사Valenza를 거쳐 에스파냐의 국경도시 뚜이Tui를 경유, 산티아고로 향할 계획이다. 차도를 따라가다 아기자기한 마을 길로 접어들었다. 마을에 도착하자 기적이 일어났다. 포르투갈의 성당들은 문을 연 곳이 별로 없었는데 이곳은 문이 열려있다. 제법 규모 있는 성당이라 위엄이 있어 보여 좋았다. 아무도 없는 성당을 전세라도 낸 듯 제대 앞에 무릎을 꿇고 기도를 드렸다. 문 옆에 촛불이 준비돼 있었다. 50센트를 넣으니 촛불이 5개가 켜졌다. 그중 4개는 우리 부모님과 처가댁 부모님, 나머지 한 개는 먼저 세상을 떠난 분을 위한 것이었다. 손을 모아 그분들의 명복을 비는 기도를 드리고 성당 안에 그냥 앉아 한가한 휴식을 취했다. 아무도 들어오지 않았다. 나 혼자만의 성당!!! 쉬다 지쳐 일어섰다.

사각형의 돌을 땅에 박아 만든 돌길과 이끼 낀 돌담이 무척이나 아름답고 정겹다. 오랜 세월을 견뎌온 돌담이 마을의 역사를 설명하는 것처럼 고색창연하다. 그런데 순례길 표시가 어느 집 계단으로 올라가 그 집 정원 모퉁이를 끼고 돌아가는 것 아닌가. 남의 집 은밀한 사생활의 공간을 걷는 것이 미안하긴 했지만 곱고 아기자기한 풍경에 매혹돼 버렸다. 다시 한 번 나 자신을 그 집 풍경에 섞이도록 만들고 싶어졌다. 때마침 그 집에서 나오는 노인에게 휴대폰을 건네주며 사진 찍는 법을 가르쳐 줬다. 그런데 휴대폰을 만지작거리던 노인이 주머니에 휴대폰을 넣고 돌아서는 것이 아닌가. 휴대폰을 거저 준 것으로 착각했나 보다. 다시 불러 세워 휴대폰으로 사진을 찍어달라며 여러 번 설명했으나 역시 셔터를 누르지 못하는 것이었다. 스마트폰 자체를 다루지 못하니 포기할 수밖에. 그날 아름다운 그 집 풍경은 끝내 사진으로 남기지 못하고 아름다운 정원 모퉁이만 나의 마음속 그림으로 남길 수 있었다.

어느 2차로의 도로를 횡단하기 위해 길가에 섰다. 오른쪽 길에 10여 대의 차량이 꼬리를 물고 지나간다. 그러자 이제는 왼쪽 길에 차량 예닐곱 대가 이어서 달린다. 그 끝을 이어 횡단하려고 하자 다시 반대편 길에서 수십 대의 차가 달려오고 있었다. 그렇게 차량들이 교행에 교행을 수차례 반복하자 도로를 횡단하려는 나의 인내심이 점차 한계를 보이기 시작했다. 이번에는 반대편 도로에 커다란 트레일러 차량이 달려오고 있고 그 뒤로 8대의 차가 따라오고 있었다. 보통 때 같으면 대형 차량은 절대 정차하는 일이 없는데 오늘은 트레일러 차량이 점차 속도를 죽인다. 그리고 내 앞에 멈춰 서서 지나가라고 손짓을 한다. 너무 고마워 두 손을 들어 머리 위로 하트 표시를 하다가, 손을 흔들어 주다가, 거수경례까지 하면서 횡단을 마쳤다. 그리고 조금을 걸어가다 문득 순례를 시작한 첫날 밤 '차를 조심하라'는 어머니의 말씀이 생각났다. 그러다 보니 셋째 날 낮에 겪었던 일도 생각났다. 그날 좁은 도로를 걸어가는데 갑자기 차량 두 대가 서로 나란히 경주하듯 내 앞으로 달려와 재빨리 도로 옆 풀밭으로 피하지 않았던가. 또한 그날 한 농부가 트랙터를 몰며 앞은 보지 않고 옆의 밭을 바라보며 운전하다가 갑자기 나를 발견하고 급하게 핸들을 꺾지 않았던가. 이러한 모든 것들이 차와 관련된 것이었다. 틀림없이 나와 동행 중인 어머니의 영혼이 트레일러 차량기사의 마음을 움직였으리라. 또한 트랙터를 모는 농부의 눈이 되어 나를 보호해 줬을 것이다.

사람은 죽으면 모든 것이 끝난다고 말하기도 한다. 그러나 어떤 형태로든 나의 가슴 속 공간, 머릿속 공간, 마음속 공간에 망자에 대

까미냐마을 꽃가게

한 추억과 사랑이 남아있다면 비록 그분이 이 세상을 떠났다 할지라도 완전히 떠나 버린 것은 아니다. 내 마음의 공간에도 어머니의 추억과 사랑이 남아 있으니 내가 하늘나라의 공간으로 옮겨가는 그날까지 어머니는 나의 공간 속에 머물 것이다. 내 마음의 공간에 머무는 어머니의 영혼이 나를 보호한 것이라는 생각이 자꾸만 들었다.

사람의 발길이 전혀 닿지 않았을 것 같은 산길은 산적이 튀어나올 것 같은 두려운 상상보다 주변의 아름다운 풍경에 젖어보는 낭만이 더 큰 곳이었다. 이곳은 포르투갈이라는 공간이고, 손에 닿을 듯 지척인 강 건너편은 에스파냐라는 공간에 속해 있다. 바로 이곳에서 보이는 것처럼 산 자와 산 자의 인위적인 국경선 역시 공간으로 나눠놓지 않았는가. 하물며 산 자의 공간이 있는데 죽은 자의 공간이 없다는 것은 합리성을 결여한 것이리라. 오늘도 우리와 다른 공간에 있을 어머니의 영혼을 위한 나의 순례는 계속된다. 험난한 산봉우리들을 넘고 넘어 또 다른 봉우리를 넘어갔다. 비록 낮은 봉우리라 할지라도 힘들기는 마찬가지다. 여러 개의 봉우리들이 모여 산맥을 이루듯 어쩌면 우리 인생도 크고 작은 고난의 산맥을 극복해야 하는 긴 여정이 아닐까?

프랑스길을 걸을 당시 홀로 걷고 싶어서 사아군을 지난 뒤 사람들이 많이 다니는 길을 피해 제2의 코스로 접어든 적이 있었다. 북적이는 사람 틈새에서 지내다 보니 어머니를 회상하는 시간을 갖지 못하는 일이 잦아졌다. 그래서 혼자 걷기로 한 것이었다. 혼자 밥을 먹었고, 외롭게 잠을 잤고, 홀로 길을 걸어갔다. 차라리 외로움에 몸과 마음을 맡기는 편이 나으리라는 생각에서였다. 그러나 외로움을 극복하지 못하고 단 이틀 만에 사람들이 다니는 곳으로 방향을 튼 적이 있었다. 마음이 통하는, 말을 걸고 싶은, 같이 걸어야 될 사람이 없다는 사실 때문인지 갑자기 외로움이 엄습해 왔기 때문이었다. 그때 깨달았다, 외로움은 사람이 없어서 외로운 것이 아니라 사람들과의 관계 속에서 외로움을 느낀다는 것을. 사람은 많은데도 영혼의 교감을 가질 만한 사람이 없었기 때문이었을까?

그러나 포르투갈 해안길에서는 사정이 달랐다. 까미노를 걷는 사람을 찾아갈 수도 없었고, 간혹 만나는 사람 몇 명을 제외하고는 아무리 몸부림쳐도 순례자를 만날 수조차 없었다. 그만큼 까미노를 걷는 사람이 적었다. 철저히 고립된 외로움이었다. 며칠을 외로움 속에 걷다 보니 이제 외로움에 익숙해졌다. 내 뒤에는 어머니의 영혼이 나와 동행하고 있고, 보는 사람이 없으니 언제든 중얼거리며 대화를 나눌 수도 있었다. 그리고 아무 곳에서나 주모경을 외울 수 있었고 기도도 할 수 있었다. 내 곁에는 어머니의 영혼과 성모님이 계셨고, 마음속에는 아내와 자녀도 있었다. 아내에게는 이 멋진 풍광을 보러 다음에 같이 오자며 말을 걸었고, 자녀들에게는 아비가 젊었을 때 너무 엄격하게 했던 것에 대해 사과했다. 까미노 위에서 나는 외로움을 느끼지 않는 사람이 아니라 외로움을 정복한 사람이 되었다. 홀로 혼자였기에 외로웠다. 지금은 더불어 혼자이기에 고독하다. 고독은 외로움조차도 포용하며 그 외로움의 순간을 느끼며 즐기는 것이 아니겠는가. 진정한 외로움은 사람들과의 관계 속에서 상처 받을 때 찾아 오는 것이다.

순례자 상징과 노란 화살표

　오늘도 걷는 사람은 나뿐, 어떤 순례자도 보지 못했다. 세르베이라Cerveira에도 역시 알베르게는 없다. 포르투갈 해안길에서는 어느 누구에게 까미노를 물어도 한결같이 산티아고 방향의 차도를 가리키며 그냥 가란다. 젊은 사람이나 나이 든 사람이나 모두 그렇다. 묻는 내가 바보였을 정도다. 물어보느니 차라리 돌담이나 길가에서 순례길 표지판을 찾아보는 것이 낫다. 알베르게도 마찬가지로 물어보나 마나다. 어렵사리 'POUSADA DE JUVENTUDE'라는 곳을 찾았다. 청소년에게 숙식을 제공하는 곳이라는 뜻이니 우리말로 번역하면 유스호스텔 격이다. 순례자라고 말하고 순례자 여권인 크레덴시알을 보여주니 할인해서 11.9유로(조식 포함)에 침대를 하나 내준다. 4인실이었지만 이런 11월 중순에 누가 이곳에 투숙한단 말인가. 오롯이 나 혼자 욕실과 룸을 독차지할 수 있었다. 나만의 공간, 저쪽 방의 공간에는 누가 있을까? 산 자의 공간 너머 다른 공간에는 누가 있을까? 4차원 아니 5차원쯤 되는 공간에서 어머니가 나와 함께 하겠지? 갑자기 동행이라는 훈훈한 감정이 가슴을 파고든다.

인근 슈퍼마켓을 찾아갔다. 참치 캔과 야채, 쌀을 샀다. 저녁은 직접 조리해서 먹기로 했기 때문이다. 한 독일 젊은 친구는 자신의 여자 친구와 이곳에 묵으면서 내 요리 냄새가 좋다며 이것은 한국식 요리가 아니라 서구식 요리라며 찬사를 보냈다. 그는 순례자는 아니었다, 유스호스텔에 하루 묵어가는 여행자일 뿐. 배도 부르고 4인실의 공간도 홀로 독차지 했으니 이보다 더 행복할 수는 없었다. 나만의 공간이 이토록 좋을 진데 저들도 저들만의 공간에서 우리가 모르는 삶을 보내고 있으리라.

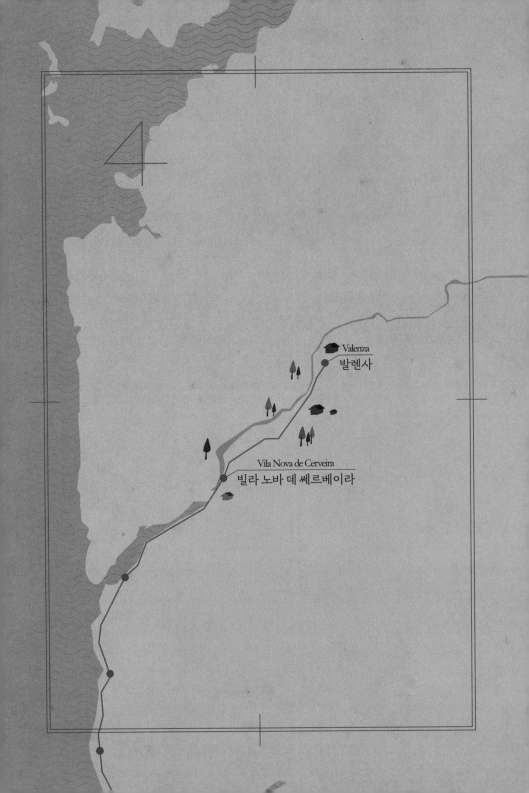

Valenza
발렌사

Vila Nova de Cerveira
빌라 노바 데 쎄르베이라

일곱 걸음 15.9km ‖ 천국은 존재하는가?

V.N de Cerveira → Valenza

오늘은 여느 때와 달리 느긋하게 아침 식사를 했다. 호스텔에서 제공되는 식사는 호텔도 부럽지 않을 만큼 훌륭했다. 모처럼 느긋하게 식사를 하고 커피까지 한 잔 마시는 여유를 누린 다음에야 미뇨강을 따라 길을 걸어갔다. 미뇨강 위에는 물안개가 길게 드리워져 있었다. 습기가 많으니 마을길에 온통 이끼가 가득한 것은 당연지사. 멋진 성당에서 느림의 미학을 실천하고 싶었지만 철옹성처럼 문이 닫혀 있으니 그림의 떡일 뿐이다. 대형 성당 정원으로 까미노가 지나간다. 어김없이 성당 뒤편에는 공동묘지가 빽빽이 자리하고 있다. 산 자와 죽은 자의 경계는 낮은 담뿐 별다른 것은 없었다. 마을의 가장 좋은 곳에 망자의 공간이 자리 잡고 있는 아이러니도 이곳에서는 당연하게 여긴다. 성당 벽의 부조가 아기 예수를 안고 있는 성모 마리아였다. 그윽한 눈길로 묘역을 내려다보는 성모님께서 예수님을 안았던 손으로 망자들을 어루만져 주었으리니….
성당 근처에 묻혀야 천국에 더 가까이 다가갈 수 있다는 망자의 염
원이 서린 곳을 지나갔다.

차모지뉴Chamosinho라는 마을에 들어서자 카페가 보였다. 두 시
간 동안 쉬지 않고 걸어왔으니 지금이 쉴 시간이다. 카페의 야외 의
자에 앉으려는데 눈에 확 들어오는 커다란 사물이 있었다.

파티마 성모상이다. 무릎 꿇은 세 아이가 무엇을 그리 간절히 바
라는지 고개를 들어 성모님을 응시하고 있는 모습이었다. 그곳은
개인이 제법 커다란 부지에 조성해 놓은 소규모 공원이었지만 안
으로 들어가는 문이 단단히 잠겨 있어 들어갈 수는 없었다. 그렇지
만 보는 것만으로도 마음이 평화로워졌다. 어차피 성당 문이 열린
곳도 없으니 이곳에서 기도를 해야겠다는 생각에 고개를 숙이고
십자성호를 그었다.

원래 기도를 잘 하지 않는 타입이라 사람들 앞에서는 십자성호
도 긋지 않았던 나였다. 그런데 까미노를 걸으면서는 매일 하루도
거르지 않고 어머니를 비롯한 많은 사람들의 영혼을 위해 기도해
왔다. 까미노라 할지라도 프랑스길과 달리 포르투갈 해안길은 성
당의 문이 거의 잠겨 있다는 특징 아닌 특징이 있었다. 그래서 기도
를 하기에 적당한 곳이라면 어디든 개의치 않고 기도를 했었다. 그
런 나에게 성당은 아닐지라도 파티마 성모상이 밝은 햇빛을 받아

파티마 성모상

찬란히 빛나고 있는 장소가 있으니 기도하기에 얼마나 적당한 곳인가. 하느님께 감사하며 한참을 기도했다. 카페 주인은 배낭을 멘 채 마냥 서서 기도하는 내 모습이 이상해 보였는지 나를 바라보고 있었다. 배낭을 내려놓고 야외 의자에 앉아 신발과 양말을 벗어 발바닥을 햇볕에 말렸다. 발에서 수증기가 피어오른다. 그 모습을 바라보며 너무 오래 놀았다. 무려 2시간을 카페 야외에서 놀고 있었던 것이다. 점심 식사를 햄버거로 주문하고 콜라도 2병이나 더 마시면서.

　지난 4년 전 이기수 신부님과 산티아고 순례길을 걸을 때였다. 까미노를 그저 스포츠로 생각하고 걷는 무지한 남자가 신부님께 질문을 한 적이 있었다. 천국이 있는지 없는지 모르는데 왜 가톨릭을 믿느냐는 것이다. 그러면서 자기 맘대로 실컷 살다가 죽기 직전에야 종교를 갖겠다는 말을 했다. 차라리 말이나 하지 말지. 죽기 직전에 종교를 갖는다면 하늘에서 그의 진정성을 믿어줄까? 우리가 진정으로 살기 위해서는 '언젠가 죽는다'는 것을 매 순간 기정사실로 받아들여 바로 이 순간부터 신을 믿고 선하게 살아야 하는데도 불구하고 그는 깨달음을 얻지 못한 삶을 살고 있었다. 그때 신부님이 하신 말씀이 생각났다.

　"한 사람이 온갖 죄악을 저지르며 엉망으로 세상을 살다 죽었는데 천국이 없다면 본전이겠지만, 천국이 있다면 어떻게 되겠는가?

무조건 지옥행이다. 그와 반대로 세상을 하느님의 뜻에 따라 선하게 살다 죽은 사람이 있다면 그는 천국에서 살게 될 것이고, 천국이 없다 해도 밑져야 본전 아닌가. 본전을 0$_{zero}$이라 친다면 처음 사람은 본전 또는 지옥행인 마이너스(-)에 놓이게 되고, 두 번째 사람은 천국이라는 플러스(+)와 본전인 0이 된다. 그렇다면 천국이 있든 없든 상관없이 천국을 믿고 선하게 사는 것이 자신의 영혼에 이익이 된다는 사실을 왜 모르는가."

'천국이 과연 존재하는가?'에 대한 의문을 제기하기에 앞서 하느님의 뜻에 따라 사는 일이 더 도덕적이고 더 선한 일임을 모르는 사람은 없을 것이다. 사이비 종교를 제외한 정통 종교는 인간의 삶을 악하게 살도록 가르치지는 않기 때문이다. 우리는 항상 의심 속에 살고 있고, 눈에 보이지 않는 것은 믿지 않으려는 경향을 보여 왔다. 이제부터라도 4차원적 아니 그 이상으로 시야를 넓혀 신의 뜻을 이해하도록 해야 하지 않을까? 공간이란 우리가 아는 곳에만 존재하는 것은 아닐 테니까. 의식의 공간이 있으면 무의식의 공간이 있을 수 있고, 삶의 공간이 있으면 죽음의 공간도 존재할 수 있을 것이라는 상상이 얼마나 논리적인가.

다시 배낭을 고쳐 메고 길을 나선 지 얼마나 되었을까? 이제는 시간관념도 없다. 그냥 무념무상으로 걸어갈 뿐이었다. 그런 나의 뇌를 활발하게 움직이도록 만드는 돌다리가 나타났다. 돌다리는

로마교량 알렘교

길이가 30미터 정도였으나 폭이 좁아 차량이 교행할 수 없었다. 차들이 교차 운행하도록 다리 양 끝에 신호등이 점멸거리며 차량을 한 대씩만 지나가도록 통제하고 있었다. 중앙의 우측 교각 위에는 예수님상과 십자가가 있고 그곳을 밝히는 중세풍의 전등이 매달려 있어 고풍스러운 분위기를 자아냈다. 모양이나 축조 방식으로 보아 기원후 500년 이전에 건설된 로마교량이 틀림없지만 확인할 방법이 없었다. 로마시대에 건축된 교량인지 여부는 몇 분 후에 밝혀졌다. 그 옆으로 또 다른 좁은 돌다리가 있는데 교각이 아치형으로 마치 로마의 수로교水路橋와 같았다. 길을 건너 좁은 돌다리 위로 올라가 보니 수로가 형성돼 있고 아직도 보존 상태가 양호했다. 아마 19세기까지 사용하다 20세기에 수도가 보급되면서 방치된 것으로 보였다.

원칙적으로 로마교량은 폭을 3~4m 정도로 잡는다. 당시 마차의 너비가 1.5m였으니 마차가 교행하려면 3m이상이 되었어야 했다. 반면 물이 흐르는 수로교水路橋는 통행이 필요 없고 맨 윗부분의 홈으로 물만 흐르면 되니 아랫부분의 폭을 2.4m 정도로 한 다음 상층부는 좁혀 안정화를 도모했다. 정확히 로마의 수로교와 일치했다. '틀림없는 로마교량인데?' 하면서 마을에 진입하자 의문이 풀렸다. 로마의 알렘Alem교라는 문구가 마을 이정표에 쓰여

수로교

있었기 때문이다. 내가 보았던 두 개의 교량은 하나는 정식 교량이고 다른 하나는 수로교였던 것이다.

마을을 벗어나 1km쯤 전진하자 철도변 시냇가에 또 다른 로마교량 베가다미라Veiga da Mira교가 있었다. 순례길에 놓여있는 다리 아래로 물살이 빠르게 흘러간다. 최소한 알렘 다리와 베가다미라 다리를 연결하는 로마가도를 복원해 놓는다면 중세풍의 순례길 운치도 살릴 수 있고 관광자원도 될 텐데…. 아무리 보수를 했다 해도 2천 년 된 다리 위를 차량이 건너다닌다니 로마의 건축술은 예술의

베가다미라 로마교량

경지에 가깝지 않은가. 하기야 로마의 테베레강에 놓인 11개의 다리 중 5곳은 2천 년이 지난 지금까지도 사용되고 있지 않은가. 로마 제국 전체적으로 300개가 넘는 다리를 아직도 차량과 사람이 이용하고 있다하니 실로 경이롭기만 하다. 로마의 건축술을 너무 찬양했나?

포르투갈 시골 마을의 특색은 성당 앞이나 마을 중앙에 성모상을 만들어 놓고 촛불이나 꽃을 바친다. 마을마다 성모님의 모습이 각양각색인 이유는 그 마을에 가장 친숙한 어머니의 모습을 지역 실정에 맞게 반영한 것이리라. 가는 곳마다 이러한 모습이 보이는 것은 성모 마리아를 통해 예수께 더 가까이 다가가고자 하는 열망

의 상징인 것이다. 중세는 신앙이 곧 삶이었다. 세상을 천사로 대변되는 선善과 마귀로 귀결되는 악惡의 전쟁터로 보기도 했다. 그래서 사람들은 매일 자신이 사는 곳에 성모상을 안치하고 악의 유혹에 빠져들지 않도록 두 손 모아 기도했다.

　포르투갈과 에스파냐의 국경 마을 발렌사Valenza 초입에 다다랐다. 순례자들의 사진을 창에 다닥다닥 붙인 바가 보였다. 바에서 시원한 맥주를 한 잔 시켜 야외 의자에 앉아 망중한을 즐겼다. 오늘 국경을 넘어 에스파냐의 뚜이Tui 마을까지는 가지 않을 계획이니 서두를 필요가 없었다. 인간이 설정한 국경선, 즉 공간과 공간 사이를 빨리 넘어가고 싶지 않았기 때문이다. 미뇨강을 사이에 두고 발렌사는 포르투갈의 마을이고, 뚜이는 에스파냐의 국경도시다. 프랑스길을 걸을 때는 속도의 중압감에 시달렸으나 이곳 포르투갈길에서는 서두르지 않고 주변 풍경을 즐기며 까미노를 걸었다. 그래서 바에서의 휴식 시간도 길었다. 그때 한 남자가 카메라를 들고 나에게 다가왔다. 인터뷰를 요청할 것 같아 일부러 영어를 모르는 척하며 말을 얼버무렸다. 그는 바 내부로 들어가 대상자를 찾다가 다시 밖으로 나왔다. 그런 그가 애처로워 보여 '맥주 한 잔 하시겠어요?'라고 영어로 말하자 그가 흠칫 놀란다. 인터뷰 대상자가 없느냐고 물으니 그렇단다. 그는 내게 까미노를 걷는 이유가 무엇인지 물으며 대부분의 한국 사람은 종교적 목적으로 걷지 않더라는 말을 덧붙였다. 나는 가톨릭 신자로서 여타 사람과 달리 종교적으로 포르투갈 순례길을 걷는다고 대답하자 본격적인 인터뷰를 요청한다. 약간은 귀찮았지만 그가 애처로워 보여 인터뷰에 응하기로 했다. 삼각대 위에 세워진 카메라를 응시하며 질문에 또박또박 대답했다. 영어로 인터뷰를 마친 뒤 무슨 방송사인지를 물었더니 포르투갈의 방송사에 프로그램을 제공하는 곳이란다. 내가 포르투갈의 방송에 출연하게 되나?

포르투갈의 커다란 요새 입구에 위치한 시립 알베르게. 이 큰 시설에 덴마크 처녀와 나 둘뿐. 샤워 후 손빨래를 해서 빨랫줄에 걸었으나 햇볕이 영 신통치 않다. 자원봉사자에게 건조기를 쓰자며 요금을 물어보니 그냥 쓰란다. 에스파냐에서 경험한 여성 자원봉사자들의 불친절 때문에 알베르게에서 여성 자원봉사자를 보면 '오늘도 무슨 기분 나쁜 일이 있으려나' 하는 고정관념이 앞섰다. 그러나 에스파냐와는 대조적으로 이곳 포르투갈의 여성 자원봉사자는 순박하면서 친절했다. 그날 바싹 마른 세탁물을 집어 들고 침대로 올라갔다. 그러는 사이 자전거를 타고 가는 순례자 3명이 더 투숙하게 되었지만 알베르게는 여전히 텅 비어 썰렁했다.

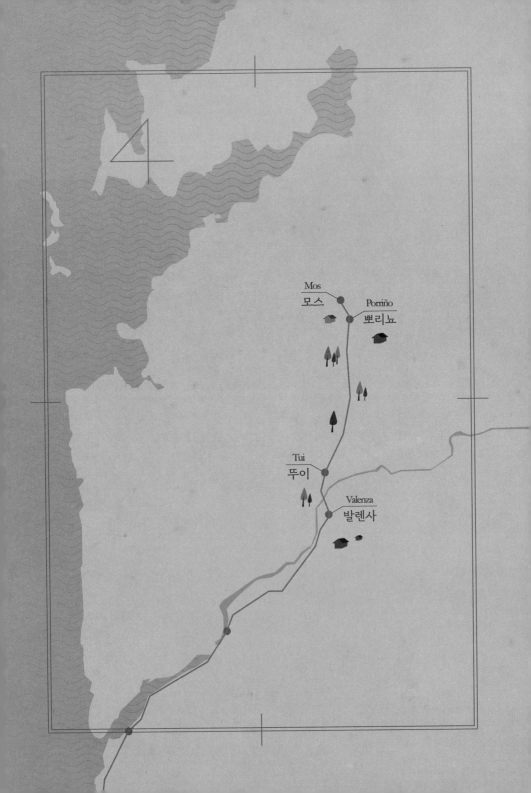

Mos
모스

Porriño
뽀리뇨

Tui
뚜이

Valenza
발렌사

여덟 걸음 26.6km ‖ 십자가 형벌이란?

Valenza → Tui → Porriño → Mos

천년의 시간 동안 무수한 발자국이 지나갔던 순례길, 여기까지 오는 길은 내륙의 길과 해안의 길로 대별되는 두 갈래였지만 이곳 부터는 하나로 합류되어 산티아고까지 연결돼 있다. 까미노는 발렌사의 요새를 가로질러 나가도록 설계돼 있었다. 중세의 순례자들은 반드시 이 요새를 통과했으리니 그때의 순례길을 따라가는 까미노가 이곳을 지나가는 것은 어찌 보면 당연했다. 요새 안에 마을까지 조성되었을 정도니 지금껏 봐 왔던 대서양 해안의 요새와는 비교도 되지 않을 정도로 그 규모가 크다. 요새의 끝에서 에스파냐를 바라보니 평화롭기 그지없다. 고요한 정적이 감도는 아름다운 마을을 누가 국경 마을이라고 하겠는가. 성벽 밖에 포르투갈의 마지막 바Last Bar라고 쓰인 글씨가 나의 발길을 잡아끈다. 공간의 경계를 단숨에 뛰어넘자니 아쉬운 마음이 들어 국경의 마지막 바Last

국경 사이 교량

bar로 들어갔다. 모닝커피와 보카디요(샌드위치의 일종)를 시켜놓고 포르투갈에서의 마지막 조찬을 즐기며 시간을 보냈다. 그때쯤 할머니들이 하나둘 모여든다. 갈 곳 없는 노인들이 이곳에서 커피를 즐기며 시간을 보내는가 보다. 나의 어머니와 비슷한 연령대라는 생각이 들어 영어와 스페인어를 동원하여 대화를 시도해 보지만 도통 의사소통이 되질 않는다.

교량 중앙의 국경선

포르투갈의 국경 마을을 벗어나는 길은 미뇨강의 다리로 이어진다. 두 나라 사이에 놓인 철교는 고작 2차로의 도로였다. 인도는 철골 구조물로 되어 있고 바닥은 철판이라 안정감이 없었다. 차가 지나가면 흔들흔들! 교량의 중앙지점 앙증맞게 노

동행

랑, 빨강, 파란 페인트로 두 나라의 국경도시 이름을 적어놓고 그 사이를 선으로 그어놓아 국경임을 표시해 놓았다. 왼쪽 발은 포르투갈, 오른쪽 발은 에스파냐를 딛고 서서 셀카로 기념 촬영을 한 뒤 에스파냐 땅으로 들어섰다. 지금까지는 포르투갈이었으나 이제부터는 에스파냐España 안으로 뻗어 가는 순례길을 걷게 된다. 프랑스길이 생장피드포르를 제외하고 에스파냐 영토에 있듯 포르투갈길도 절반가량이 에스파냐 영토를 지나간다. 순례길은 명칭이 어찌됐든 에스파냐 영토를 지나쳐 가야 한다. 야고보 성인의 무덤이 에스파냐의 '산티아고 데 콤포스텔라'에 있으니 당연한 이치다. 포르투갈 순례길은 기원후 1세기경 건설된 19번 로마가도를 따라가는 길이다.

뚜이Tui의 옛 마을길이 거의 끝나갈 즈음 대형 성당이 나타났다.

뚜이 성당

19번 로마가도 상의 교량　　　　　　　　오르벤예 로마교

포르투갈에서 봐 왔던 성당과는 사뭇 대조적이다. 아~! 이곳은 에
스파냐지! 포르투갈 성당은 대부분이 골조를 제외하고는 외벽을
하얀 페인트로 칠해놓아 소박하면서도 아름다웠다. 그러나 에스파
냐의 성당은 외관 자체가 그냥 돌이다. 그래서 더 웅장하게 보인다.
때마침 나오는 수녀님 두 분에게 성당의 이름을 물어보니 그냥 뚜
이 성당이란다. 성당 안으로 들어가니 입장료를 받는 듯 했지만 안
내인이 나의 초췌한 몰골을 보더니 그냥 들어가라는 아량을 베푼
다. 기대하지 않았던 성당 개방이 실컷 기도를 하도록 만들었다.

　옛 정취가 물씬 풍기는 마을을 벗어나자 다시 로마의 교량이
보였다. 19번 로마가도를 잇는 다리라는 안내판이 있었다. 길이가
100m는 족히 넘었다. 얼마를 걷다 보니 또 다른 로마교량이 보인
다. 길이가 24m, 폭 3m, 교각의 아치 폭 7m라는 정확한 수치가 기
록된 '오르벤예'교였다. 이 로마교량을 모방하여 에스파냐 특유의
돌다리가 탄생한다. 뽈드라스Poldras라는 돌다리는 시냇물 위 또는
시냇가에 건설되었는데 2.5m 정도의 직사각형 돌Poldra을 연결하

뽈드라스

여 모래가 쌓이는 지면보다 높게 만들어졌다. 시냇물이 범람할 때를 대비하여 시냇가에 마치 둑처럼 연결된 뽈드라스를 걸어가며 이 돌다리를 에스파냐가 사회적 문화적 역사적으로 중요하게 생각한다는 사실을 안내판을 보고서야 알았다. 산티아고 데 콤포스텔라에 도착하기 전날까지 걷게 되는 도로는 주로 19번 로마가도를 따라간다. 산길로 산길로 연결된 이 한적한 로마가도의 길목을 강도들이 지켰다면 통행자들로부터 손쉽게 금품을 강탈할 수 있었을 것이다. 하지만 로마는 그렇게 호락호락한 제국이 아니었다. 로마의 군단병들이 한 지역을 점령하면 제일 먼저 가도를 건설하고 로마마일로 8마일(현재의 12km)마다 역참을 두었다. 요즘으로 치면 군전령(또는 우편배달부)이 피로한 말을 교환하여 계속 달리도록 만든 거점이었다. 아울러 역참을 중심으로 군단병들이 로마가도를 순찰하도록 했다. 로마는 파발마와 마차를 이용한 우편제도를 2천 년 전에 이미 확립하고 있었던 것이다.

그런데 황제의 칙령과 소포 등이 담긴 우편마차가 도중에 도둑

맞는다면 어찌되겠는가? 또한 훌륭한 교량과 로마가도가 있어도 산적이 두렵다면 누가 가도를 이용하겠는가? 그래서 로마는 로마가도에서 일어나는 범죄를 이례적인 극형에 처했다. 즉 십자가형에 처한 것이다. 네로 황제(재위 54년 10월 13일~68년 6월 9일) 시대를 제외하고는 서기 3세기 후반까지 십자가형에 처해진 사람은 기독교도라기보다는 산적 또는 해적들이 대부분이었다. 이처럼 로마가도에서 범죄를 저지른 자를 잔인하게 응징한 결과로 로마는 가도의 안전을 보장할 수 있었다. 일벌백계—罰百戒의 효과를 노린 것이다. 결론적으로 로마는 로마가도의 범죄를 철저히 차단함으로써 자유로운 통행과 경제적 교류를 가능하도록 만들었다. 로마가 멸망한 뒤 중세시대를 암흑기Dark Age라고 부르는 것은 로마와 같은 힘에 의한 사회 안전 기능이 사라졌기 때문이었다.

그렇다면 예수 그리스도께서는 왜 십자가형을 받으셨는가? 원래 십자가형은 로마의 체제를 위협하는 중범죄자이거나, 로마 시민이 아닌 천민계층에게만 언도되었다. 만약 예수께서 십자가형에 처해진다면, 유대인이나 로마의 시민들은 예수께서 사회적·윤리적인 면에서 반국가적 내지 흉악한 범죄를 저질렀다고 생각할 수밖에 없었을 것이다. 그동안 십자가 처형자들은 사회적으로 비난의 대상이 되어왔기 때문이다. 예수를 십자가에 매단 자들은 바로 그 점을 노렸다. 당시에 예수께서 판결 받은 십자가형이란 가장 수치스러운 형벌이었다. 그러나 종교적 관점에서 본다면, 예수께서 가장 비천한 곳에서 철저히 버림받아 인류를 대신하여 육신은 물론 영혼까지도 고통을 받아 돌아가심으로써 우리 인류를 구원하신 것이다. 예수의 십자가 처형은 우리에게 의미하는 바가 크다고 하겠다.

뽀리뇨Porriño를 1km쯤 남겨두고 까미노는 팍팍한 도심의 콘크리트길로 향한다. 누군지 모르지만 어떤 이가 노란 화살표를 강변 숲길로 안내해 놓았다. 발바닥도 화끈거리는데 굳이 콘크리트길로 갈 필요가 없었다. 우측으로 시원한 강물이 흐르는 순례길은 울창한 숲으로 둘러싸여 있으니 공기도 신선하고 마음도 상쾌하다. 숲길 끝에 시립 알베르게가 나왔지만 지금 시간이 고작 오후 3시다. 포르투갈길을 걸을 때는 너무 여유를 부린 탓에 오후 5시까지 걸어간 때가 많았다. 이곳은 오후 5시면 캄캄해진다. 더 걷자는 마음으로 뽀리뇨 시가지로 들어갔다. 그런데 조그만 광장에 조그만 성당이 조그만 문을 활짝 열고 사람들을 맞이하고 있었다. 무조건 들어가 기도를 드렸다. 오늘은 뚜이와 뽀리뇨에서 각각 기도를 드렸으니 다른 날에 비해 운이 좋은 날인 것 같아 기분이 좋아지기 시작했다. 내친김에 3.2km만 더 걸어 베이가다냐Veigadaña의 알베르게에서

모스 마을입구

자야겠다는 생각으로 계속 걸어갔다. 그곳은 1층이 바이고 2층이
알베르게였다. 바 주인이 요즘은 순례자가 없어 알베르게를 닫았
다며 다음 마을까지 가라고 한다. 어차피 늦은 김에 콜라를 시켜 마
시며 아내와 와이파이wifi를 이용하여 대화한 뒤 마을을 빠져나왔
다. 해는 지고 시간은 오후 6시였다. 어둑어둑한 길을 2.7km나 더
걸어갔다. 걷는 것에 이골이 난 지금은 아무리 늦게까지 걸어도 별
무리가 없다. 단지 잠을 잘 수 있는 숙소가 있기를 바랄 뿐이다.

　모스Mos 마을은 입구를 화강암으로 조성하여 마치 순례자를 환
영하기라도 하듯 아름답게 꾸며져 있었다. 순례자를 위해 최적화
된 마을답게 카페의 외관도 아름답다. 이곳의 시립 알베르게는 문
을 열었다. 정말 다행이었다. 이미 그곳에는 순례자 10여 명이 있었
다. 이렇게 북적거림 속에서 지내는 것은 해안길 순례를 시작하고

　　　　　　　　　　　　　　　　　　　　　　　　　　　동행

나서 처음이다. 하기야 이곳은 포르투갈 내륙의 중앙길과 해안길
이 합류된 곳이니 그럴 수밖에. 포르투갈길 순례자 90% 이상은 내
륙의 중앙길을 걷는다. 이날 밤 브라질, 체코 등지에서 온 순례자들
과 대화를 나누며 밤늦게까지 이야기꽃을 피웠다.

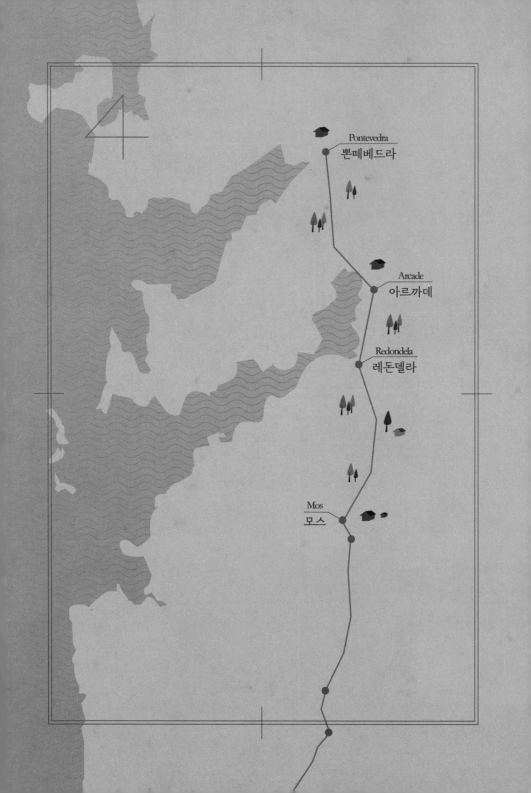

🐚 아홉 걸음29.3km ‖ 나에게 믿음이란?

Mos → Redondela → Arcade → Pontevedra

순례길은 원래 고풍스럽고 자연스러워야 제맛이 나는 법이다. 그런데 이곳은 길가에 단풍나무를 심어 붉은색의 향연이 펼쳐지도록 인위적으로 꾸며 놓았다. 왠지 옛길의 풍치風致를 훼손한 것 같아 붉은 단풍도 운치 있게 느껴지지 않는다. 가파른 내리막을 내려오니 바와 알베르게가 보였지만 영업을 하지 않는다. 아침 식사 겸 모닝커피를 할 곳을 찾다보니 10여 킬로미터를 걸어 제법 큰 도시 레돈델라Redondela까지 와 버렸다. 도시의 바에 앉아 커피를 마시는 것은 순례자답지 않다는 생각이 들었지만 어찌하랴 배가 고픈걸. 또르띠야(Tortilla, 계란찜 비슷한 음식)와 커피를 시키니 아직 이른 시간이라 30분 정도만 기다려달란다. 어쩔 수 없이 휴대폰의 와이파이Wifi를 작동시켜 아내와 후배 장범이에게 연락을 했다. 순례길의 사진과 나의 여정을 글로 보냈다. 후배 장범은 와이파이를 통해 안부를 전해오곤 했다. 고국을 떠나 두 달여를 해외에 있는데 가끔씩 안부를 전하는 기특한 후배다. 사람들은 인간관계에서 상처받고 외로움을 곧잘 느끼는데 나에게는 이런 후배가 있어 외로움을 떨쳐낼 수 있었다.

급할 것 없던 나는 느긋하게 도시의 바에서 한 시간여를 허비하고 길을 가는데 슬슬 배가 아파오기 시작했다. 급하게 먹었던 음식이 잘못됐나 보다. 순례길에서 화장실을 가고 싶으면 바Bar에 들어가야 한다. 우리나라처럼 간이화장실이나 공중화장실이 전혀 없기 때문이다. 바에서 커피 한 잔을 시키는 이유는 화장실을 가야 하기 때문이라는 말이 나돌 정도다. 도시 끝자락의 바에서 급히 볼 일을 본 뒤 커피 한 잔을 시켰다. 한가한 여주인은 그동안 많은 한국인이 자신의 가게를 거쳐 갔는데 한결같이 모두 가톨릭 신자가 아니라고 말했다며 신도도 아니고 믿음도 없는데 왜 이 길을 걷느냐고 묻는다.

"그들은 이 까미노를 걷고 난 뒤 믿음을 갖게 될 겁니다. 이 길 자체가 신앙의 길이니까요."라고 대답한 뒤 서둘러 길을 나섰다.

여주인의 말은 나의 양심을 자극했다. 사실 나도 가톨릭 신자이긴 하지만 믿음은 별로였기 때문이다. 나는 어릴 적부터 종교를 갖고 있었다. 개신교나 가톨릭이나 다 같은 기독교이기 때문에 별문제는 없다고 생각하지만, 과거에는 개신교를 현재는 가톨릭을 믿고 있다. 지난 2002년 암 수술을 받을 당시만 해도 신께 의지하고 싶은 마음에 열심히 교회의 문을 두드렸다. 죽음 앞에서 지푸라기라도 잡고 싶은 심정이란 겪어보지 않은 사람은 알 수 없을 것이다. 그러나 병마가 떠나가자 세월은 나를 종교적 나태함으로 몰아갔다. 그런데 시들하던 나의 가슴에 다시 불을 당기는 사건이 있었다. 2013년 심각한 마음의 병을 얻은 것이다. 가톨릭 사제의 안수기도로 병마를 퇴치한 뒤 가톨릭교회를 열심히 다녔지만, 역시 시간은 모든 간절함의 정도를 무디게 만들어 갔다. 지금 이 순간에도 나의 믿음은 높아졌다 낮아졌다를 반복하고 있다. 꾸준한 믿음을 갖는 게 더 중요한데…. 파도에도 파고波高와 파저波低가 있듯 믿음도 마찬가지인 듯하다. 앞으로 믿음의 높낮이 격차를 줄여 결국에는 일정한 선으로 유지되기를 희망하며 조용히 걷는다. 순례자 징표라는 조가비가 주렁주렁 매달린 곳에 이르러 발길을 멈췄다. 그리고 나는 믿음의 순례자인지를 다시 한 번 생각해 본다.

1997년 돌아가신 마더 테레사 수녀의 편지가 그로부터 10년 뒤 일부 공개된 적이 있었다. 고해 사제에게 보냈던 40여 통의 편지 중 한 곳에 "보려 해도 보이지 않고, 들으려 해도 들리지 않으며, 기도하려 해도 말이 나오지 않는다."라고 적혀 있는 것으로 보아 신의 존재를 느낄 수 없음에 대한 고뇌가 가득 차 있음을 알 수 있다. 그럼에도 불구하고 돌아가시는 그날까지 굳건하게 신앙을 지켰다.

누구나 신의 침묵에 의심하기도 하고 고민하기도 한다. 그래서 믿음도 깊어졌다 낮아졌다를 반복할 수밖에 없지 않은가. 나도 지금은 믿음이 깊지는 않지만 그러한 고뇌와 번민 속에서도 끝까지 신앙을 지킬 준비가 되어 있다. 나의 믿음이 깊지 않은데 대한 변명일지라도.

저만큼 앞에서 한 아가씨가 힘들게 걸어간다. 그녀는 어느 집 앞에 이르자 절퍼덕 주저앉아 물을 마시며 휴식을 취한다. 뒤따라오는 나를 보고는 반가운 듯 손을 흔들며 먼저 가라고 한다. 어젯밤 알베르게에서 처음 봤던 사람으로 바르셀로나에서 온 '사라'였다. 그녀는 이틀 동안 나와 앞서거니 뒤서거니를 반복하며 포르투갈 순례길에서 가장 많이 만났던 사람이다. 목이 말랐던 나는 아르까데Arcade 마을의 바에 들러 콜라를 들이켰다. 비가 올 때는 춥고 해가 뜰 때는 뒷덜미가 따가울 정도로 햇살이 뜨겁다. 그때 사라가 커다란 배낭을 메고 힘들게 길을 걸어오고 있는 모습이 눈에 들어왔다. 그녀를 불러 음료를 시켜주는데 그녀는 갈증이 심했던지 맥주를 마신다. 그녀는 걸음이 느렸지만 쉬지 않고 걸었고, 나는 걸음은 빨랐으나 매번 바에서 쉬는 시간이 많았다. 그래서 그녀와 만났다 헤어졌다를 반복하는 바람에 하루에도 네댓 번씩 만나곤 했다. 이틀 동안 무려 열댓 번을 만났을 것이다.

에스파냐의 시골 마을은 가는 곳마다 직사각형의 빨래터가 있

아낙들의 동네 빨래터

다. 지붕을 씌워 비가 내려도 괜찮고 뜨거운 태양빛으로부터도 보호해 주는 전천후 시설이다. 중세는 물론이고 근대까지 아낙들이 함께 모여 빨래를 하던 곳이었다. 중세 이후 남자들이 없는 곳에서 남편 흉을 보던 유일한 여자만의 공간이었다는 안내판도 있는 것을 보니 재미있다. 에스파냐에서는 이러한 빨래터를 문화적·역사적 공간으로 보존하기도 한다는데, 지금은 집집마다 수도가 보급되어 전혀 이용되지 않는 흉물로 변해가고 있었다. 지금은 아낙들이 어디에서 남편 흉을 보나?

중세풍의 긴 교량을 건너 산을 오르기 시작했다. 산길 여기저기에 커다란 돌들이 가지런히 깔려있고 양쪽에 돌 표면이 닳아 움푹 파인 곳이 보인다. 틀림없이 반복적으로 마차 바퀴가 지나가 파인 홈이다. 자연석을 그대로 놔둔 채 큰 돌로 높이를 맞춰 조성한 가도였다. 포르투갈길은 19번 로마가도가 이어져 오늘의 숙박지인 뽄떼베드라Pontevedra를 거쳐 산티아고 남쪽 이리아Iria로 연결되지 않

로마가도의 흔적

던가! 가는 동안 이처럼 돌로 조성된 로마가도의 흔적이 곳곳에 남아 있었다. 로마는 한 지역을 정복하면 군단병들이 도로를 가설했다. 그 도로를 따라 군단병들이 신속히 이동할 수 있었을 뿐만 아니라 지역주민들도 자유롭게 왕래했다. 또한 로마의 문물이 급속도로 전파되는 통로가 되어 정복민들을 로마화시키는데 유용했을 것이다. 그래서인지 에스파냐와 포르투갈이 위치한 이베리아 반도에는 레온León 한 곳에만 군단이 배치되었을 뿐이었다. 로마 제정시대 갈리시아(프랑스와 독일 일부)와 브리타니아(영국)에는 군부대가 무려 3개 군단씩 배치되었던 것에 비하면 이곳은 치안이 상당히 잘 유지되고 주민들의 로마화가 어느 곳보다 빨리 이뤄졌던 곳 같다.

조그마한 마을 순례길 변에 조그마한 성당이 있었다. 문은 활짝 열려있어 지나가는 순례자들을 위한 기도의 장소가 아닌가 싶

을 정도였다. 1617년에 건립되었다는 산타 마르타Santa Marta 소성당
이었다. 무려 400년이나 된 성당에서 조용히 무릎 꿇고 기도를 드
렸다. 산타 마르타가 어떤 성녀인지는 모르겠지만 아마도 어머니
를 위해 기도드린다면 도와주리라는 생각이 들어서 통공(通功, 하늘
에 계신 영혼과 지상의 기도가 모두 통한다는 의미)을 떠올리며 간절히 빌었
다. 그때 누군가 조용히 성당에 들어와 내 뒤에서 기도를 하고 있었
다. 계속 만나고 또 만나던 사라였다. 그녀는 성당 밖에 앉아있는데
경찰이 다가와 응급상황 대처법이라는 소책자를 주고 갔다며 웃는
다. 한적한 시골길이라 선량한 여성 순례자를 괴롭히는 불량배들
이 있는가 보다. 벌써 해는 저물어가고 있었다. 그녀는 여기서부터
강을 따라 숲길을 걸어가야 되는데 무섭다며 나를 따라 걷겠단다.

400년 된 산타 마르타 소성당

시간도 늦었는데 그녀와 보폭을 맞추며 걸어간다면 더 늦어질 텐데…. 그래도 연약한 여자를 보호하는 것은 남자의 의무 아닌가! 강물과 숲이 어우러져 내뿜는 시원함과 상쾌함은 이대로 밤새 걸어도 괜찮을 정도였다. 어둑어둑해지면서 길이 잘 보이지 않는다. 그녀는 "너무 많이 걷는다, 너무 많이 걷는다. Walking too much, walking too much." 소리를 연발하며 어기적어기적 걸어가고 있었다. 힘들게 고생을 자처한 그녀가 애처로워 보이기도 했지만 내가 어찌해 줄 수 있는 일이 아니었다.

뽄떼베드라Pontevedra의 시립 알베르게에 들어가자 1층 침대는 이미 다른 순례자들이 점령해 버렸다. 2층은 안전바도 없어 잠결에 자칫 뒹굴기라도 한다면 그대로 땅바닥으로 떨어질 수밖에 없는 조악한 침대였다. 안전바가 없는 2층에서 떨어질 뻔한 경험이 있었기 때문에 안전바가 없는 2층 침대는 피하고 싶었다. 그냥 알베르게에서 나왔다. 이미 저녁 8시가 다 되어가고 있어 해는 떨어진지 오래건만 제법 큰 도시답게 네온사인이 밝혀져 있어 도심은 밝았다. 곧장 호텔로 직행했지만 가격이 만만찮다. 도시에 호텔이라고는 단 두 곳밖에 없었다. 첫 번째 호텔은 가격 흥정이 되지 않아 두 번째 찾아간 호텔에서 자기로 했다. 호텔 지배인인 보비아Bovia는 저녁 식사를 주문하고 있는 내 곁으로 다가와 동일한 가격에 더 좋은 메뉴가 있다며 메뉴를 바꿔주는 친절을 베푼다. 그리고 식탁에 와인이 담긴 컵 2개를 쳐다보며 순례자는 한 명인데 와인은 왜 두 잔인지 이유를 물어본다. 나는 그냥 웃기만 했다. 와인 2잔 중 하나는 어머니를 위한 것이었다, 내가 2잔을 다 마시긴 했지만. 숙박비 30유로는 아침 식사가 포함되지 않은 것이었지만 지배인 보비아는 다음 날 아침 식사까지 하도록 배려해 줬다. 호텔 방 안은 오로지 나만을 위한 공간이었다. 다른 사람이 없는 공간이 이처럼 편할진데.

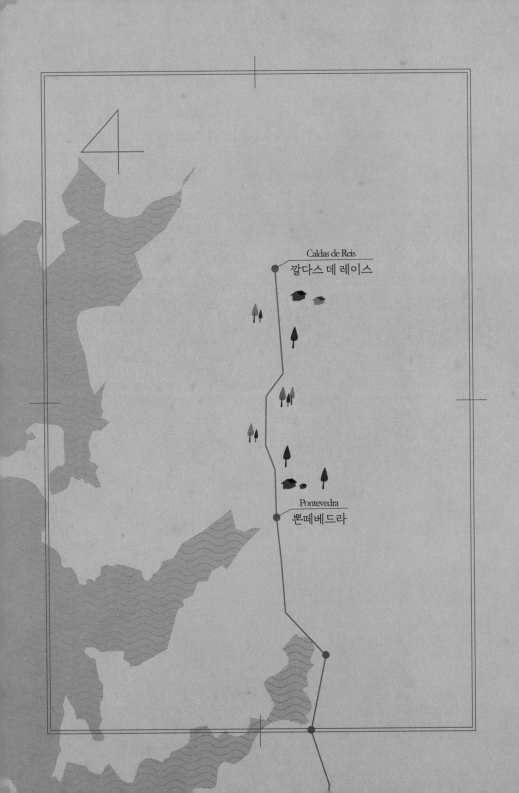

열 걸음 21.3km ‖ 여유를 즐기는 것도 필요하다

Pontevedra → Caldas de Reis

아침에 길을 나서자 도시의 가장
자리에 웅장한 원형의 성당이 눈에 띈
다. 성당 안내인이 세요(Sello, 스탬프)를
받으러 왔느냐고 묻는다. 나는 세요보
다 기도가 필요하다며 무릎을 꿇었다.
에스파냐의 모든 성당은 의자 아래에
무릎을 꿇도록 나란히 받침대가 놓여
있다. 그래서 성체성사 때 대부분의
신도가 무릎을 꿇는다. 상당한 시간을
기도에 전념했다. 잠시 묵상하는데 15
년 전 돌아가신 아버지 생각이 불현듯
떠올랐다.

뽄떼베드라의 성당

내가 암 수술을 받은 뒤 정확히 1년 후 아버지는 그 누구에게도 폐를 끼치지 않고 조용히 숨을 거두었다. 등산을 하고 점심 식사를 하던 중 앉은 채로 그냥 고개를 떨구었을 뿐이다. 영면에 들어간 지 3일째 되던 날 저녁, 우리 형제자매들은 모든 장례 절차를 마치고 각자의 집으로 돌아갔다. 아내는 3일 동안 너무 고생을 한 탓에 깊은 잠에 빠졌다. 나는 가슴이 답답하여 잠을 이루지 못하고 자정이 될 때까지 방을 서성이고 있었다. 그때 11살에 불과하던 딸아이가 아빠가 걱정이 됐는지 잠을 자지 않고 있다가 "아빠! 할아버지가 돌아가셔서 잠 못 자는 거지?"라고 나에게 위로하듯 말했다. 사실 딸은 잠을 자지 못하고 방 안을 배회하던 아빠가 걱정됐던 것이었다. 어린 딸의 말을 듣는 순간 왈칵 눈물이 쏟아졌다. 딸애에게 눈물을 보이지 않으려고 밖으로 나갔다. 아무도 없는 어두운 거리를 배회하며 소리 없이 눈물을 쏟아냈다. 정말 순진한 분이셨는데, 남에게 이용만 당하고 자신은 호강 한 번 해 보지 못했다. 돈 벌겠다고 처자식 시골에 남겨두고 무작정 상경하신 분이셨는데 돈은 벌지 못하고 고생만 했으니…. 불쌍했다. 더 오래 사실 줄 알고 제대로 잘 해 드리지도 못했는데 허무하게 가신 분에 대한 참회의 눈물이었다.

아버지를 위한 기도를 시작했다. 게다가 묵주기도 5단을 바치니 추가로 30~40분이 더 소요되었다. 기도를 마치자 안내인이 엽서로 된 기도문 2장을 내게 건네며 "좋은 순례길 되세요Buen Camino"

동행

중세풍의 다리

라고 인사한다. 문 옆에 성당 입장료가 1유료라고 표기돼 있는 것을 그제야 보았다. 나는 관람보다는 기도가 목적이었으니 안내인이 입장료를 받지 않은 것이었다. 아침 일찍 기도를 마치고 나니, 거기에다 아버지를 위한 특별 기도까지 마쳤으니 오늘 할 일을 다 한 것처럼 기분이 후련했다.

멋들어진 중세풍의 기다란 교량을 건너 다시 순례길로 접어들었다. 가는 곳마다 길가에 'VIA ROMANA XIX'라는 돌 안내판이 있었다. 19번 로마가도를 표시하는 것이다. 옛 로마의 고속도로 격인 로마가도를 따라가는 순례길Camino은 무한 속도 경쟁이나 하는 듯 순례자들이 빠른 걸음으로 지나간다. 오늘 처음으로 순례자 3명이 나를 추월해 지나간다. 한 명은 호주인이고, 나머지 두 명은 이탈리아 남성과 베네수엘라 여성이라는데 벌써 연인이 되었다고 한다. 유럽대륙과 미주대륙 남녀 간의 사랑이라니 과연 이뤄질 수 있을까? 눈치 없는 호주인은 그 두 연인과 함께 재잘대며 황급히 걸어 갔다. 연인끼리 걷게 내버려 두고 주변을 둘러보며 길에 켜켜이 쌓 인 사람들의 사연을 즐기면 좋을 텐데 눈치 없는 호주 사람이다.

까미노를 걷고 있는 순례자들은 항상 속도의 중압감에서 벗어 나질 못한다. 조금이라도 쉬고 있으면 동행자들은 1km 또는 2km 를 앞서 버리니 조급함이 앞 설 수밖에 없겠지만 그럴 때일수록 여 유를 갖는 것도 필요하지 않을까 싶다. 곤두박질치듯 달려가는 속 도의 무한 경쟁 속에 살고 있는 우리들은 직장을 다니지 않고 편안 히 쉬는 것에 늘 초조해한다. 느릿느릿 하거나 편히 쉰다거나 하는 것 자체를 남과의 경쟁에서 뒤처진다고 생각하는 것이 문제다. 그 런 면에서 본다면 중세의 순례길을 걷고 있는 나는 질주하는 열차 에서 발을 내린 사람이다.

나는 항상 실력만이 앞길을 개척해 준다는 신념을 갖고 생활해 왔다. 그래서 남과의 경쟁에서 뒤지지 않으려고 시간을 쪼개가며 공부했다. 대학 때는 줄곧 수석을 차지했고 직장도 자부심을 가질 정도로 좋은 곳에 들어갔다. 당시 내 삶은 무한 속도 경쟁에서 살아 남은 내 노력의 산물이라고 오만을 떨었다. 하지만 까미노를 걷는 지금, 그때의 그 말을 철회하고 싶어진다. 내가 지금까지 평탄한 길 을 걸어온 것은 못난 자식을 위한 어머니의 간절한 기도가 하늘의 어떤 존재와 연결되었기 때문이 아닐까? 그리고 아내와 형제자매를 비롯하여 나를 사랑해주는 사람들의 염려와 기도 덕분에 내 삶이 순조로웠다는 것을 이제야 알 것 같다. 그래서 경쟁에서 벗어나 느리게 걸어가는 내 자신이 오히려 삶의 승리자인 것처럼 느껴졌다, 여유를 부려도 너무 부리면서. 매일 해질녘까지 걷는 일이 다반사였다. 삭막한 도시를 떠나, 무한 경쟁의 인간관계를 탈피하여 모처럼 누리는 나만의 여유를 그냥 흘려보내고 싶지 않아서 천천히 여유를 부린 탓이다.

'어디로 가야 하는지? 어디서 자야 하는지? 무엇을 담고 무엇을 버려야 하는지?'와 같은 떠나기 전의 숱한 질문들마저도 허공으로 흩어져 버린 지금! 이 무한한 여유 속에서 마음이 시키는 대로 나아가고, 가슴이 시키는 대로 휴식을 취하는, 그 누구의 간섭도 받지 않는 오롯한 나와의 시간을 즐기며 걷는다. 길 위에서 아파하고 길 위에서 상처 받는 순례의 나날들, 사색과 묵상으로 극복하며 전진했다. 대부분의 사람들이 영적으로 자신을 찾겠다며 떠난 순례길이건만 나는 영적인 것을 초월하여 종교적 구원을 갈구했다, 어머니의 영혼을 위해.

한적한 순례길, 3명의 순례자가 나를 추월한 이후 만나는 사람이라고는 오로지 '사라'밖에 없었다. 난 9시에 출발하지만 그녀는 항상 아침 일찍 출발한다. 그러나 걸음이 느려 가다 보면 나와 만난다. 그녀를 추월한 나는 바Bar에서 쉬고 있었다. 30여 분을 쉬고 있

포도나무 밑을 지나는 순례길

는데 그녀가 지나간다. 그녀를 불러 세웠지만 걸을 때 걸어야 한다며 손을 내젓는다. 그녀의 마음을 모르는 내가 아니다. 그녀는 나에게 대접받는 것을 피하고 싶어 했다. 매번 커피나 음료수를 얻어 마시자니 자신도 사야 될 것이고 그러자니 젊은 그녀는 돈이 없었다. 순례에 들어가는 비용이 얼마 남지 않았다며 절약하는 것을 어제 목격했기 때문에 그녀의 사정을 잘 알고 있던 터였다. 한사코 거절하는 그녀에게 부담을 주지 않기 위해 그냥 걷도록 내버려 두었다. 우리가 생각하기에는 그까짓 커피 1잔 1.5유로밖에 안 하는데⋯. 하지만 아직 직장이 없는 그녀에게는 그 조차도 부담이었을 것이다. 그녀를 제외하고는 이따금 자전거를 탄 사람들이 지나갈 뿐이었다. 사람이 없으니 누구와 경쟁할 필요도 없고 그저 마음 내키는 대로 쉬면서, 놀면서, 구경하면서 걸어갔다.

오늘의 종착지인 깔다스 데 레이스Caldas de Reis에 도착할 즈음 1752년에 조성됐다는 빨래터에 깨끗한 물이 흐르고 있었다. 아낙네들의 수다 소리가 들리지 않는 빨래터는 낭만보다는 역사적 유물로 남아 지나가는 순례자들의 구경거리에 지나지 않았다. 시원하고 깨끗한 물이 나를 잡아끈다. 잠시 손으로 물장구를 치다 자리를 떠났다. 이렇게 까미노를 즐기다 보니 포르투갈길에서는 1시간에 대략 3km밖에 걷지 못했다. 프랑스길에서 시간당 4~5km 걷던 것에 비하면 느림의 미학을 실천한 아름다운 길이었다.

시립 알베르게는 방이 4개였고 각 방마다 2층 침대가 놓여 있었다. 같은 일행 두세 명씩이 이미 방 3개를 점령했고 1개 방만 남아있었다. 들어가 보니 2층 침대 2개가 있어 총 4명이 쓸 수 있었다. 전망 좋은 창가에 자리를 잡고 샤워와 빨래를 마쳤다. 여유로움, 이 자그마한 여유에도 행복을 느끼다니 행복은 아주 소박한 데서 오는가 보다. 이러한 행복이 나의 일상생활에 항상 존재했는데도 당시에는 그것을 행복으로 여기지 못했으니 얼마나 어리석은가. 방을 나 혼자 쓰는 기쁨에 들떠 있는데 사라가 들어선다. 다른 곳은 남자들이 두세 명씩 있는데 내 방만 나 혼자 있는 것을 보고 나와 함께 자겠다며 내 방으로 들어왔다. 하기야 다른 방은 혈기 왕성한 젊은 이들이고 내 방은 나이 먹은 나밖에 없으니 훨씬 안전하다고 생각했을 터. 또한 나하고는 수십 번을 만난 사이니 익숙해지기도 했을 테고. 좌우지간 그날 밤은 나이 든 남자와 젊은 여자 그렇게 단 둘이서 합방 아닌 합방을 했다.

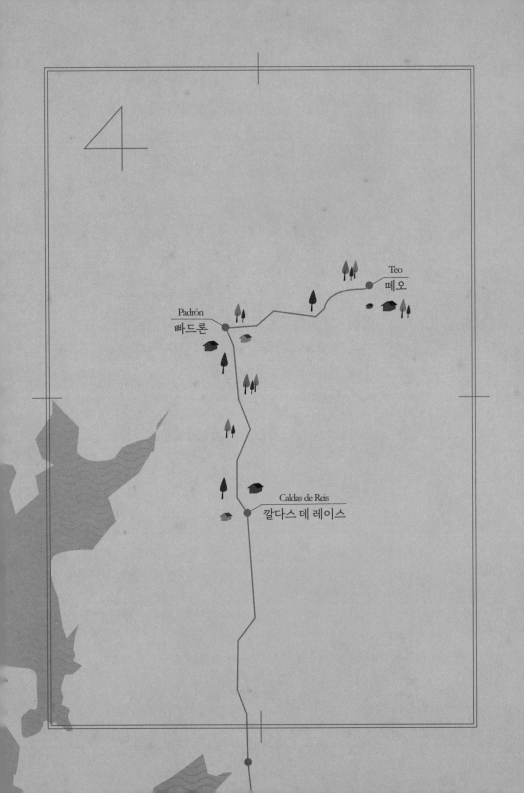

열한 걸음 29.8km ‖ 신은 정말 존재하는가?

Caldas de Reis → Padrón → Teo

까미노를 걷는 내내 만나지 못했던 한국인을 오늘에야 처음 만나게 되었다. 경험을 쌓고 시야를 넓히기 위해 유럽을 두 달 넘게 걷고 있다고 했다. 자유의사에 따라 세계기행을 하고 있다는 27세의 젊은이, 그의 젊음과 패기가 부러웠다. 산티아고가 가까워지기 시작했나 보다. 간혹 순례자들을 지나쳐 가기도 하고, 그들이 나를 지나쳐 가기도 한다. 그중 포르투갈 해안길Camino Coastal을 걸은 사람은 아무도 없다. 모두 내륙 중앙길Camino Central을 걸어온 사람들이다. 그러니 그들과 나는 만난 적이 없었다. 그런데도 오늘 여러 번 서로 교차하며 만나기를 거듭했다. 추월하고 추월당하기를 수차례, 사람이 많아지니 나도 속도 경쟁 대열에 합류하는 것이 아닌가 싶을 정도다. 일부러 발걸음을 늦췄다.

한국 젊은이와 바bar에 들렀다. 그는 커피를 한 잔 하겠다고 한다. 나는 아침 식사를 하지 않아 커피 한 잔과 또르띠야(Tortilla, 감자를 넣은 계란찜)를 시켰다. 그런데 바 주인이 또르띠야 한 조각을 가져오는 것이 아니라 아예 한 접시를 가져왔다. 나에게 주문을 받고 곧바로 만들어 왔다는 따끈따끈한 요리였다. 그 젊은이는 아침 식사를 했다며 또르띠야를 먹지 않는다. 그는 내 음식을 같이 먹는 것에 미안함을 느껴 식사를 했다고는 했지만 아마 배가 고팠을 것이다. 그런 그의 마음을 아는 나는 또르띠야를 먹는 척하다가 너무 부피가 커서 혼자는 도저히 못 먹겠다며 도와달라고 부탁을 했다. 그 청년은 어차피 시킨 것이니 남겨서는 안 된다며 절반은 자신이 먹겠다고 한다. 나의 작전이 성공했다. 남에 대한 배려는 곧 사랑이 아니던가.

무인 휴게소

한적한 시골길에 자율 판매대가 있고 널찍한 의자가 갖춰진 무인 휴게소가 등장했다. 그곳에 들어서는데 네댓 명이 나에게 "해피맨Happy Man"하고 부른다. 그 이유를 물어보니 자신들을 마주할 때마다 내가 웃어주더라는 것이다. 그래서 행복한 사람으로 보여 해피맨이라고 부른다는 설명이었다. 해피맨!!! 정

동행

말 좋은 닉네임이 아닌가. 그러던 중 한 여성이 나에게 가톨릭 신자냐고 물었다. 그렇다고 대답하니 자신은 신이 있는지 없는지 잘 모르겠단다. 까미노를 걸어도 신의 존재를 느낄 수 없다는 얘기였다. 그래서 까미노를 스포츠 삼아 걷는다는 것이다. 어떻게 얘기를 해야 될지 난감했지만 신의 도우심으로 제대로 답변한 것 같은 생각이 든다.

"신은 결코 증명되는 분이 아니다. 신의 존재를 증명할 수 있는 사람이 있다면 그 사람이 신이다. 또한 존재가 뚜렷하게 증명되는 신이 있다면 그 분은 더 이상 신이 아니다. 인간은 유한한 존재이므로 무한한 신을 설명할 수 없다. God is never one to be proved. If anyone can prove the existence of God, he is God. Also, if there is a God whose presence is proved, he is no longer God. Man is a finite being, therefore can not explain an infinite God."라고 말한 것으로 기억된다. 너무 어렵게 얘기했나?

인간은 우주에 비하면 아주 미미한 존재다. 지구는 우주를 떠도는 먼지보다도 작은 물질이다. 그런 지구에 살고 있는 인간이 어떻게 무한히 큰 우주 전체를 알 수 있단 말인가. 다시 말해서 신의 존재는 우주보다 크고 광범위하다. 즉 무한한 실재라는 얘기다. 그런데 고작 지구라는 먼지 안에 살고 있는 유한한 인간이 어찌 그 큰 우주를 다 설명할 수 있겠느냐는 말이다. 앞에서 말했듯 세상은 11

차원까지 있는 것으로 물리학자들이 규명하고 있다. 그 이후의 차원도 무한히 존재할 것으로 추정되지만 아직 정확하게 규명하지 못할 뿐이다. 그런데 고작 3차원의 인간이 11차원의 일까지 알 수 있겠느냐는 얘기다, 4차원만 돼도 시공간을 초월한 불가사의不可思議니 미스테리Mystery니 라고 말을 돌리면서. 그런 3차원적 인간이 실제 그 보다 높은 차원에서 신이 나타났다고 해서 알아 볼 수 있겠는가. 신은 들릴 듯 들리지 않고, 보일 듯 보이지 않으며, 알 듯 모를 듯 존재하는 분이시기에.

17세기 영국의 철학자 프란시스 베이컨은 '신에 대한 지식이 전혀 없는 상태에서 신의 존재를 지식으로 규명할 수 없다. 신은 오로지 숭배의 대상일 뿐이다.'라고 말하지 않았던가. 18세기 독일의 철학자 임마누엘 칸트도 순수이성비판에서 인간의 순수이성은 인간의 유한성finiteness 탓에 무한한 실재infinite being인 신을 인식할 수 없다고 했다. 이러한 철학자들의 말은 하느님은 완전파악이 불가능하기 때문에 우리 인간에 의해 증명되는 존재가 아니라는 나의 생각과 일치한다. 우리 인간은 아주 미미한 존재다. 우주도 보이는 곳만 알 뿐이고 나머지는 상상에 의존한다. 그런 인간이 신의 존재를 어찌 완전히 파악할 수 있겠는가. 단지 보이는 것만, 체험한 것만 알 수 있을 뿐이다. 그 조그마한 부분만으로도 신의 숨결을 느낄 수 있다면 그것으로 족한 것이 아닐까? 까미노에서 신의 존재는 단편

돌담길

적이고 부분적인 체험을 통해 이해할 수 있을 따름이다. 프랑스길 Camino de Francés을 걸으며 체험한 내용을 아래에 적어본다.

잎새가 곧게 뻗은 키높이 풀들이 길게 이어진 도로만 하얀 공간 으로 놔둔 채 평원을 가득 채우고 있었다. 보이는 것이라고는 푸른 평원 위에 나무 한 그루. 따가운 태양을 피해 나무 아래로 하나둘 찾아들었다. 어느새 나무 주변은 우리의 휴식 장소로 변했다. 세상 이 너무 조용하다. 그때 갑자기 한 줄기 바람이 오로지 햇빛만 내리 쬐는 평화로운 대지를 훑고 지나간다. 키높이 풀들이 바람에 쓰러 지듯 한쪽으로 기울어지며 고요한 공간 속으로 "쏴아~아~" 하는 소리를 던졌다. 한낮의 적막을 깨는 소리! 일행 중에서 가장 과묵하 게 길을 걸어왔던 사람 하나가 신비로운 기운을 느낀 나머지 무겁 게 입을 열었다.

"이 소리 좀 들어보세요. 너무도 신비롭네요. 뭐라 표현할 수 없는 시원한 소리네요. 평소에는 나뭇잎 살랑거리는 소리에도 아무런 느낌이 없었는데 오늘 이 소리는 너무도 색다른 감흥을 주네요."

쨍쨍 내리쬐는 햇볕 탓에 순례자들의 발길도 고요 속으로 숨어버린 적막한 평야. 무서울 정도로 평온한 대지를 스쳐지나가는 한 줄기 바람이 곧게 선 풀을 쓰러뜨리자 한낮의 정적을 깨뜨리는 풀소리가 경외로울 정도로 신비롭게 들렸다. 이러한 한가로움의 미학은 인간이 창조한 현상이 아니다. 자연의 소리이자 신의 숨결이다. 우리는 까미노를 걸으며 스스로에게 질문을 던진다. 신은 있는가? 끊임없이 질문하고 답을 구하지만 어느 누구도 답을 제시하지 못한다. 평원을 낮게 스쳐가는 바람과 그 바람에 풀잎 스치는 소리. 유독 순례를 하는 오늘, 풀잎 일렁이는 소리가 단 한 번 들렸다 썰물 빠지듯 사라져 버린 현상이 새롭게 느껴지는 것은 무슨 이유에서일까? 우리가 신의 숨결을 느낀 것은 아닐까? 신은 우리가 알지 못하는 사이에 다양한 수단과 방법으로 우리와 소통하고 있는지 모른다. 그렇다. 나는 신을 만났다. 자연의 신비로움에 경외심을 느끼고 행복에 젖어드는 나 자신은 신과의 대화에 초대받은 것이다.

홀로 길을 걸어가는 나는 그 이후 한국인 청년을 만나지 못했다. 물론 사라도 산티아고에 도착하는 날까지 만나지 못했다. 아침

하천변 중세 빨래터

에 "순례길에서 다시 만나자See you on the camino."는 인사말을 남기고 어젯밤 같은 방을 썼던 사라와 헤어졌다. 걷는 속도와 쉬는 시간 때문에 다시 만날 수 있을 것이라 믿었다. 원래 한국인 청년과 사라는 오늘은 19km만 걸어 빠드론Padrón에서 묵는다고 했다. 빠드론을 통과할 때까지 두 사람은 나를 추월하지 못했다. 빠드론에 도착한 나는 19번 로마가도가 오른쪽으로 구부러지는 이리아Iria까지 걷기로 마음먹었다. 원래 로마가도와 교량에 관심이 많았기 때문이었다. 다른 사람의 안내 책자에 이리아에도 알베르게와 호텔이 있는 것으로 돼 있어서 숙박에는 별 지장이 없으리라 생각했다. 아무리 11월 말이라 해도 알베르게나 호텔 두 곳 중 한 곳은 문을 열었을 것이기 때문이었다. 그러나 막상 이리아에 도착해보니 어느 곳도 문을 열지 않았다. 굳게 걸어 잠근 문은 아무리 두드려도 열릴 기미가 없었다. 순례자들이 격감한 탓에 모두 문을 닫아 버린 것이다. 에스끄라비뚜데Escravitude 마을에 도착하자 촌 동네에 왜 그리도 큰 성당이 있는지…. 주일인데도 밤 미사가 없다고 해서 홀로 기도를 드리기로 했다. 어차피 늦은 김에 길게 기도를 드리다 보니 시간이 많이 흘렀다. 알베르게가 없어서 큰일이었다. 잘못하면 산티아고까지 걸어야 될 판이었다. 그때 이탈리아인 니콜라가 나타났다. 혼자 길을 걷던 니콜라는 오늘 떼오Teo까지 가야 한단다. 친구와 통화해 보니 도중의 모든 숙박시설은 문을 닫았고 오로지 테오의 시립 알베르게만 문을 열었다는 얘기를 들었다고 한다. 정말로 테오까지 가는 동안 모든 숙박시설이 영업 중단이었다. 원래 숙박하기로 했던 이리아에서 대략 10km 정도는 더 걸은 것 같았다.

저녁 식사를 해야 되는데 알베르게 주변에는 마을이 전혀 없어 저녁거리를 살 수 없었다. 배낭을 뒤져보니 쌀과 현지에서 산 라면이 있었다. 쌀과 라면 2개를 한꺼번에 집어넣고 현지 라면의 느끼한 맛을 없애려고 지인, 지영 스님이 준 된장을 풀었다. 다 끓이고 보니 쌀죽과 불은 라면이 혼재된 독특한 '된장쌀죽라면' 요리가 탄생하였지만 시장이 반찬이라고 했던가. 너무 맛있었다. 쌀을 많이 넣은 덕분에 니콜라와 함께 먹었지만 포만감을 느낄 정

동행

도로 많은 양이었다. 니콜라도 너무 맛있다며 된장 푼 쌀죽라면을 잘도 먹는다.

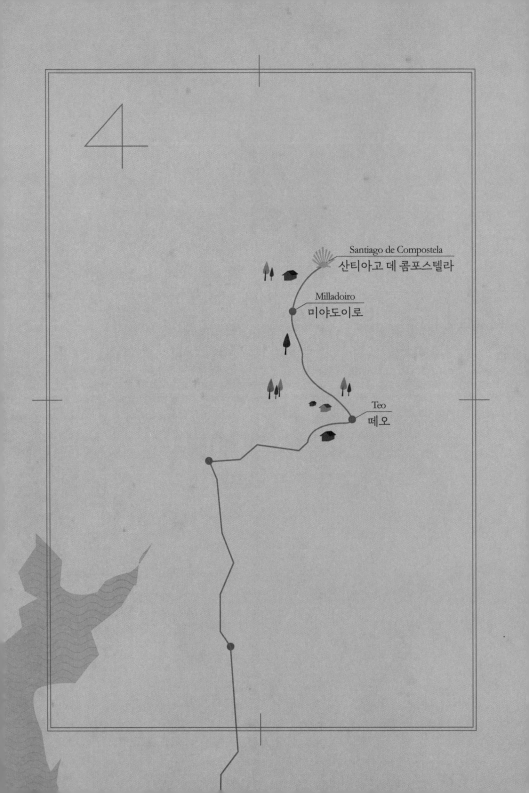

Santiago de Compostela
산티아고 데 콤포스텔라

Milladoiro
미야도이로

Teo
떼오

열두 걸음 14.7km ‖ 사제는 왜 독신이어야 하는가?

Teo → Milladoiro → Santiago de Compostela

산티아고까지는 15km 남짓. 부담 없는 거리였다. 우회로를 따라 마을길과 산길을 교대로 오가며 걷는다. 오늘도 나와 보조를 맞추는 순례자는 하나도 없었다. 그냥 홀로 무념무상으로 길을 음미할 따름이었다. 옛 빨래터의 정겨움이 묻어나는 시골길을 따라가는 까미노는 구불구불 이어져 있었다. 어머니의 영혼도 순례의 여정이 무사히 끝나감에 안도하리라. 프랑스길을 걸은 피곤함에 포르투갈길을 걸은 고단함이 겹쳐서인지 너무 힘들었다. 아침 식사를 하지 못했지만 너무 피곤한 탓인지 목만 마려울 뿐 배가 고프지 않았다. 도시의 북적이는 바에 들어서서 콜라를 시키고 야외 의자에 앉아 있는데 주인이 보카디요(샌드위치와 비슷한 빵) 한 조각을 접시에 담아 가져다 준다. 삐쩍 말라버린 나의 모습이 불쌍해 보였는지 아니면 순례자에 대한 배려의 대접인지는 모르겠지만 주인의 호의가 고마웠다. 실제로 귀국하여 몸무게를 달아보니 출발할 때에 비해 무려 14킬로그램이나 빠져 있었다.

산티아고 가는 프랑스길을 걸을 때는 하루에 평균적으로 25킬로미터 정도를 걸었다. 그런데 이곳 포르투갈 해안길에서는 대략 20킬로미터를 걸어갔다. 프랑스길에서는 거리를 충족시켜야 한다는 생각에 항상 서둘렀다. 반면 포르투갈길에서는 조금만 걸어도 이렇게 많이 걸었나 하는 여유로움까지 누렸다. 우리 인간은 열을 원하여 아홉을 얻었을 때 하나가 부족하다며 불평한다. 하지만 이곳에서는 다섯만 필요하니 나머지 다섯은 여유가 아닌가. 욕심을 부리지 않고 조그마한 것에도 만족하는 삶의 지혜를 이곳 포르투갈길에서 배운다.

짧은 거리인데도 12시가 다 되어서야 산티아고 대성당 광장에 들어섰다. 그때 광장에 앉아있던 세 사람이 일제히 큰 소리를 질러대며 손을 들어 환영한다. 처음에는 나를 환영하는 소리인지 몰라 뒤를 돌아보았지만 포르투갈길 방면에서 오는 사람은 나 혼자뿐이었다. 그제야 그 사람들이 이딸리아노Italiano 3인방이었음을 알 수 있었다. 가까이 다가가자 나를 꼭 안아준다. 우리 네 사람은 반가움에 서로를 부둥켜안았다. 이탈리아 여성은 눈물을 흘리며 산티아고 대성당을 올려다보고 있었다. 내가 그만 울라며 등을 토닥거려주자 더 눈물을 흘린다. 그리고 그것으로 끝이었다. 함께 포르투갈

산티아고 대성당

해안길을 걸어온 사람이 더 이상 없었기에 단지 우리 네 사람만이 기쁨을 함께 하며 광장 이쪽저쪽을 기웃거렸다. 반면 프랑스길을 걸어 온 사람들은 많은 사람들과 서로 인사하며 무사히 산티아고에 도착한 것에 감사드리고 있었다. 우리 네 사람은 뽀르뚜에서부터 산티아고까지의 여정이 같은 유일한 동료였다. 이러한 동료 순례자의 이메일을 받아놓지 못한 것이 지금도 후회된다. 우리는 더 이상 아는 사람이 없어 서로의 얼굴을 바라보다 순례자협회 사무실로 향했다. 그리고 순례길 완주 증명서를 받은 다음 기념사진을 찍고 그냥 헤어졌다.

미리 정한 알베르게에 들어가자마자 식사도 잊은 채 침대에 드러누워 버렸다. 전날 밤 늦게까지 걸은 탓에 몸살 기운이 남아있었기 때문이었을 것이다. 눈을 떠 보니 저녁 8시였다. 산티아고 성당은 매일 낮 12시와 저녁 6시, 그리고 7시 30분에 미사를 드린다. 서둘러 성당으로 향했지만 이미 미사가 끝난 뒤라 사람들이 성당 밖으로 웅성거리며 쏟아져 나오고 있었다. 늦었지만 성당 안으로 들어가 잠시 기도를 드린 뒤 밖으로 나왔다.

분수대 옆 성당 계단에 앉아 멍 때리기 연습을 하기라도 하는 것처럼 멍하니 있었다. 그때 한국인 젊은 남녀가 내게 다가와 "한국인이세요?"하고 묻는다. 그렇다고 대답한 뒤 순례를 마치고 미사를 드렸느냐고 물어보자 그들은 개신교 신자인 듯 예배를 봤다고 말

동행

한다. 그리고 신부님은 결혼을 하지 않아 목사님과는 사뭇 달라 보인다는 얘기를 한다. 그들은 개신교의 목사님은 다 결혼하는데 가톨릭은 신부님이 결혼하지 않는 이유가 궁금하다는 듯 고개를 갸우뚱거렸다. 포르투갈 해안길을 걸으면서 한국말을 해 보지 못했던 한을 풀기라도 하듯 그들에게 사제가 결혼하지 않는 이유에 대해 장황하게 설명하고 싶었지만 지식이 짧아 "신부님들은 스스로 결혼을 하지 않고 하느님을 섬기기로 맹세한 분이다."라고만 얘기하고 야고보 성인으로 주제를 바꿨다. 사제의 결혼에 대한 내용은 나중에 자료를 찾아보고 아래와 같은 결론을 얻었다.

예수께서는 하느님이 맺어줘 한 몸이 된 남녀를 사람이 갈라놓아서는 안 된다면서, 그러한 아내를 버리고 다른 여자와 혼인하는 자는 간음하는 것이나 다름없다고 말했다. 그러자 제자들이 그러면 '혼인하지 않는 것이 좋겠다'는 말을 한 것에 대해 예수께서 그들에게 이르셨다. "모든 사람이 이 말을 받아들일 수 있는 것은 아니다. 허락된 이들만 받아들일 수 있다. 사실 모태에서부터 고자로 태어난 이들도 있고, 사람들 손에 고자가 된 이들도 있으며, 하늘나라 때문에 스스로 고자가 된 이들도 있다. 받아들일 수 있는 사람은 받아들여라."

마태복음 19장 3절에서 12절에 이르는 이 말씀은 모든 사람이 혼인을 해야 된다는 당위성에도 불구하고 선천적·후천적으로 성

불구자도 있음을 지적한 것이다. 그리고 '받아들일 수 있는 사람은 받아들여라'는 말은 누구의 강요가 아닌 온전히 자신의 의지와 신념에 따라 독신을 선택하는 것은 괜찮다는 의미로 해석되었다. 그래서 사도 바오로는 자신 스스로의 선택에 따라 평생을 독신으로 살며 기독교를 유대교에서 분리된 독자적인 세계종교로 승화시키는데 기여하지 않았던가.

초대 기독교도들은 성인이 되면 결혼하는 것을 당연하게 여겼다. 그래서 베드로 이후 300여 년 동안 사제들은 결혼을 했었다. 5세기까지 사제의 결혼은 흠이 아니었다. 그러나 점차 시간이 흐르면서 독신주의가 신에게 삶을 헌신하는 방법으로 여겨지기 시작했다. 하늘나라 때문에 스스로 독신을 고집한 사도 바오로의 신앙심이 기저에 깔려 있었을 것이다. 이러한 흐름 속에 지방 교회 평의회에서도 성직자의 독신을 호의적인 시각으로 보기 시작했다.

성직자의 혼인을 금지하는 교회의 법이 승인된 때는 서기 1015년이었다. 하지만 이 법이 제정된 중요한 동기는 종교적인 사안이라기보다는 세속적 이유에서였다. 성직자 자손들이 교회의 땅에 대한 상속권을 요구하면서 교회의 토지와 재산을 차지하기 시작한 것이다. 교회는 사제 자녀들의 재산 상속 요구를 막아낼 방법을 찾아야 했다. 가톨릭에서 성직자의 독신을 공식적으로 기록한 것은 1139년 제2차 라테란 공의회Lateran Council에서 이며, 1545년 트렌트

공의회Council of Trent에서 성직자들의 결혼 금지를 명확하게 인정했다. 그리고 공의회는 오해의 소지를 없애기 위해 '성직자 결혼금지는 하느님이 아니라 교회가 만든 법'이라고 확실히 구분 지었다. 그리고 예수께서 독신의 삶을 강요한 적이 결코 없다는 사실을 강조했다. 그러므로 신부가 되었다는 의미는 자신이 스스로 독신을 결정했다는 것을 의미한다. 이러한 점을 고려해 볼 때 한국 젊은이들에게 설명했던 나의 말이 결코 틀리지는 않았음을 확인할 수 있었다.

한국인 남녀는 야고보 성인과 가톨릭에 대한 나의 설명을 듣고 혹시 신부님이나 목사님 아니냐고 묻는다. 하기야 나는 과거에 '새벽기도가 없었다면 개신교 목사가 됐을지 모르고, 결혼을 할 수 있었다면 가톨릭 사제가 됐을지도 모른다.'는 말을 농담 삼아 하지 않았던가. 고교를 졸업하자 신학을 공부하라는 목사님의 권유도 있었다. 하지만 워낙 새벽잠이 많았던지라 일반대학을 선택했다. 요즘은 신부님을 볼 때마다 경건한 삶이 존경스러웠다. '사제의 길을 걸었으면 어땠을까?' 하는 생각을 해 보기도 했지만 아내를 포기한 삶이란 고통일 것 같았다. 사제priest란 극도의 절제를 생활화하기 위해 고통까지도 기꺼이 감내해야 하는 매우 힘든 사명을 짊어지고 있기 때문이다.

그들과 얘기를 하던 도중 "성당에서 미사를 드렸으면 야고보 성

산티아고 대성당 야경

인의 무덤에도 내려가 기도를 했느냐"고 물었다. 그들은 그냥 산티아고 대성당 자체가 야고보 성인의 무덤이라고만 알았지 성인의 유골이 따로 있는 줄은 전혀 몰랐다고 말한다. 이곳까지 800km를 걸어와서 야고보 성인의 유골함을 보지 않고 돌아간다는 게 말이 되는가. 제대 뒤에 있는 야고보 성인의 동상 위치와 유골함이 있는 제대 밑의 입구를 자세히 설명해 주고 내일 반드시 들어가 보도록 권유했다. 그들은 고맙다고 인사하며 자리를 떴다. 우리나라의 젊은이들이 산티아고까지 와서 성당 내부를 제대로 보고 느끼지 못한 채 그냥 돌아가면 되겠는가. 하기야 많은 젊은이들이 산티아고 순례길의 진정한 의미를 모른 채 호기심으로 걷는 사람이 많았으니 야고보 성인의 유골함을 모르는 것이 당연했다. 그날 밤 가이드 아닌 가이드가 되어 다른 사람에게 산티아고의 진정한 의미를 알 수 있도록 친절을 베풀어야 되겠다는 생각이 들었다.

그날 밤은 11시가 되어서야 알베르게로 향하는 길목에 위치한 바에서 5유로짜리 햄버거와 음료수로 저녁 식사를 할 수 있었다. 원래 패스트푸드를 좋아하지 않는 나였지만 이날의 햄버거는 지상 최고의 음식인 양 허겁지겁 입에 구겨 넣었다. 시장이 반찬이라고 했던가. 그날 밤의 만찬은 아주 맛있었다.

IV부

여정의 피날레

🐚 어머니를 대신한 고해성사

원래는 오늘부터 5일 일정으로 피니스테라Finisterra를 경유하여 최종 목적지 무시아Muxía까지 걸어가기로 했었다. 그리고 한적한 어촌마을인 무시아에서 어머니를 내 가슴에서 떠나보낼 예정이었다. 하지만 아침부터 비가 주룩주룩 내렸다. 일기예보도 일주일 내내 비가 내린단다. 해안길을 걸으면서 지긋지긋할 정도로 비와 더불어 살았다. 이제는 눅눅하고 축축한 옷보다 고슬고슬하게 마른 옷을 입고 싶었다. 원래 순례의 종착지는 산티아고 데 콤포스텔라였다. 땅끝마을까지 더 걸어갈 필요는 없었기 때문에 빗속을 걸어가는 일을 포기하기로 결심하고 성당으로 향했다.

미사보다 1시간가량 앞서 산티아고 성당에 들어섰다. 성당 안에는 총 2개의 고해소에 불이 밝혀있었다. 한 곳을 찾아가 영어로 고해성사를 하겠다고 말하니 성당 왼쪽 입구의 고해소로 가라고 안내해 준다. 그곳에는 흑인 신부님이 앉아계셨다. 그 앞에 무릎을 꿇었다.

　"지난 2개월 동안 어머니의 영혼은 나와 함께 프랑스길 800km 와 포르투갈길 280km를 걸어 2번이나 산티아고 순례를 마쳤습니다. 옛 교황님의 말씀대로 저희 어머니의 죄를 용서해 주셔서 천국에서 평화롭게 지낼 수 있도록 해 주십시오. 신부님께서 제 어머니의 죄를 용서해 주신다면 하늘에서도 용서될 것입니다."

　신부님은 어머니의 영혼에 축복을 내렸다. 그리고 나의 머리에도 손을 얹으시고 축복을 기원해 주셨다. 이곳의 고해소는 우리나라와 달리 옆은 잘 보이지 않지만 앞쪽은 완전히 개방되어 있어 신부님께서 손을 뻗어 내 머리를 만질 수 있었다. 고해성사를 할 때 순례길의 여정이 눈앞에 펼쳐지며 가슴 뭉클한 감격과 설움이 복받쳐 올 줄 알았다. 그러나 그런 감정은 전혀 없었고 침착하고 평온한 마음이 나를 지배했다. 냉정할 정도로 마음이 차분해지며 평화로워졌다. 고해성사를 마치고 야고보 성인상像 앞에 촛불을 밝히고 어머니의 영혼을 천국으로 인도해 줄 것을 기원했다. 다음으로 성모상 앞에 무릎을 꿇고 기도를 마치자 사람들의 웅성거림이 잦아졌다. 이제 곧 미사가 시작된다. 미사 중에도 어머니와 돌아가신 분들을 위한 기도를 계속해서 드렸다. 말씀전례와 성찬전례가 끝나고 대향로에 불이 붙여졌다. 모든 순례자들의 머리 위로 향 연기가 조용히 내려앉았다. 순례자들의 땀 냄새와 종교적 죄악이 모두 향

내음에 씻겨 졌으리라. 살아생전 어머니의 모든 잘못도 향 연기와 더불어 깨끗이 정화되어가고 있음을 가슴으로 느낄 수 있었다.

고해성사는 마음을 평화로 이끌었다. 순례 기간 동안 신께서 어머니를 죽은 자의 공간 중에서도 가장 좋은 공간으로 모셔갔을 것이라는 생각을 했었다. 그러나 나도 한낱 미천한 인간일 뿐 4차원을 뛰어넘은 초월적인 존재는 아니었기에 신의 존재에 대해 생각하고 또 생각했다. 의심을 하지 않으려고 신께 기도하고 또 기도하기도 했다. 그럼에도 불구하고 확신을 가지다가도 다시 의심의 늪으로 빠져들곤 했었다. 그러나 오늘 고해성사를 마치고 나니 가슴 뿌듯한 만족감과 평화로움이 찾아왔다. 마음의 평화는 신의 존재에 대해 저절로 믿음을 갖게 만들었다. 다시 한 번 야고보 성인의 유골함을 찾아가 어머니의 영혼을 위한 기도를 올린 뒤 성당을 나왔다.

유골함 앞에서 기도하며 한 가지 느낀 것이 있었다. 그것은 내가 힘들고 거친 길을 걸어 이곳에 있다는 것, 그것은 '삶은 신의 가장 고귀한 선물'이라는 사실이었다. 슬프고, 괴롭고, 어려운 일이 있어도 때로는 위로받고, 때로는 즐겁고 행복한 일도 있다. 이러한 모든 일들을 겪으며 오늘에 이르러 내가 살아 있음을 마음으로, 가슴으로 받아들이는 선물이 바로 삶인 것이다. 돌아가신 어머니와 동행하면서 어머니가 살아계셨으면 이 길을 같이 걸을 수 있을 텐데 하는 생각이 가득했다. 지금 와서 그런 생각은 아무런 의미가 없다. 그래서 삶이 더 중요한 것 아닌가.

야고보 성인의 유골함

선행의 릴레이

    산티아고에 도착한지 이틀째 되는 날 버스에 의지하여 순례의 피날레를 장식하는 땅끝마을을 찾아갔다. 원래 비가 온다는 예보가 있었던지라 에스파냐 서쪽 끝 피니스테라Finisterra에는 사람이 없었다. 순례가 거의 끝나가는 11월말이 되어서일까? 포르투갈 해안 길을 걸으면서 매일매일 외로움과 고독에 젖어 있었다. 그런데 이곳 땅끝마을에서도 버스에서 내린 후 외롭게 3.5km를 걸어 등대까지 갔다. 차갑게 불어오는 대서양의 바람을 몸으로, 마음으로 만끽하며 바위에 걸터앉았다. 성경에 기록된 말씀처럼 사제의 축복은 '지상에 매인 매듭을 풀어 하늘에서도 풀리게 할 수 있다'는 확신이 있었다. 2개월에 걸친 순례를 마치면서 나에게 가장 큰 위안이 되는 것은 어머니의 영혼이 천국에 갔을 것이라는 사실이었다. 땅끝마을로 불어오는 대서양의 강한 바람에 어머니를 잃은 슬픔을 날려 보냈다.

그날 밤 늦게 산티아고 성당 앞 광장을 찾아갔다. 그냥 잠을 청하려는데 무엇인가 허전한 감정이 나를 엄습해 밖으로 나갔던 것이다. 광장을 지나가는데 한 여성이 나를 불러 세웠다. 그리고 반가운 표정으로 혹시 포르투갈 해안길을 걸었던 사람 아니냐고 묻는다. 그녀는 비바람 속에 길을 걷던 30세의 독일 여성 테레사Theresa Ehmann였다. 테레사는 그날 나와 헤어져 내륙의 중앙길로 접어들었으나 이틀 동안 비바람에 시달린 후유증으로 몸살감기에 걸려 병원에 입원했었다고 한다. 그래서 이틀 늦게 산티아고에 도착해보니 아는 사람이라고는 아무도 없었다며 자기가 만난 유일한 사람이 바로 나라는 것이다. 그래서 너무 반갑고 흥분된다고 미소 지었다. 세상 천지에 아는 사람이라고는 나 하나밖에 없는 그녀를 두고 그냥 갈 수 없었다. 늦은 시간인데도 에스파냐의 카페와 바는 사람들로 북적인다. 저녁 식사를 늦게 하는 것이 에스파냐의 문화이기 때문이다. 저녁 식사를 하지 못한 그녀에게 푸짐한 저녁 식사를 제공하며 이야기꽃을 피웠다. 서로의 이메일e-mail 주소를 주고받은 뒤 우리는 포옹을 하고 헤어졌다. 산티아고에서는 고맙다는 백 마디 말보다 단 한 번의 포옹이면 충분하다. 서로가 서로의 마음을 이미 알고 있기에.

나에게 부여된 사명도 없는데 다음 날 저녁에도 산티아고 대성당 앞 광장을 하릴없이 서성이고 있었다. 그때 자신보다 더 큰 배낭을 멘 채 빗길을 헤치며 걸어오는 한 순례자가 눈에 띄었다. 이 시간에는 순례자가 들어올 시간이 아닌데…. 이미 대성당 주변의 숙소는 모두 문을 닫아버린 시간이었다. 저녁 8시가 다 되어 산티아고에 입성한 주인공은 다름 아닌 한국인 경희 씨였다. 인생의 전환점을 맞아 무작정 산티아고 가는 프랑스길 800km를 걸었다는 그녀는 순례자협회 사무실에서 순례증서를 받았다. 순례자협회 사무실은 늦게 도착하는 순례자를 위해 저녁 8시까지 문을 연다. 그녀는 성당 주변 알베르게를 찾아갔지만 이미 문이 굳게 잠겨 진 뒤였다. 성당 주변 사정을 익히 잘 알고 있던 터라 그녀에게 늦은 시간에 숙소를 찾는 것이 쉬운 일이 아니라며 성당에서 조금 떨어진 알베르게를 소개해 줬다. 빗속을 걸어 알베르게를 찾아가는 그녀, 이틀 걸어야 되는 거리를 하루에 걸어와 버린 그녀, 얼마나 힘들었을까 하는 생각이 든다. 괜찮다는 그녀를 한사코 바bar로 데려갔다. 햄버거와 콜라를 너무 맛있게 먹고 있는 그녀, 얼마나 배가 고팠을까! 배려에 대한 릴레이로 그녀는 나중에 나에게 뷔페 식사를 대접했다.

한 번은 미사를 드리려 산티아고 대성당을 찾아갔는데 두 남녀가 광장에서 사진 촬영에 열심인 모습이 보였다. 부부처럼 보이는 두 사람이 너무 다정해 보여 호감이 갔다. 대부분의 젊은 남녀는 까미노를 걷는 동안 만난 사람들이라 한시적인 커플에 지나지 않는

동행

야고보 성인 유골함 앞에서 기도하는 부부

다. 두 사람에게 순례자협회 사무실도 알려주고 성당 내부의 야고
보 성인의 유골함이 안치된 곳과 제대 뒤편의 동상까지 안내해 줬
다. 그들은 다른 젊은 커플과 달리 다정다감한 부부였다. 그것도 결
혼한 지 1년밖에 되지 않은 신참내기 부부. 먼 길을 걸으며 서로의
마음을 확인하고 진실한 사랑을 불태우는 예름 씨 부부는 다른 젊
은이들과 달리 예의도 바른 사람이었다. 사실 며칠 동안 산티아고
에 있으면서 많은 사람들에게 호의를 베풀었지만 경희 씨를 제외
하고는 커피 한 잔 사는데도 인색하기 짝이 없었던 사람들이 많았
다. 하지만 예름 씨 부부는 점심을 사겠다고 말한다. 그러면서 '하
늘에서 천사를 보내 자신들을 안내해 준 것 아닌가 생각했다'고 한
다. 점심 식사는 정중히 거절하고 대신 커피 한 잔으로 그들의 호의
를 받아들였다. 그 호의에 보답하려고 저녁 미사 시간을 이용하여

성당 내부의 야고보 성인 유골함 앞으로 그들은 안내했다. 유골함을 앞에 두고 나란히 앉아 기도를 하는 예름 씨 부부는 어떤 소원을 빌었을까?

산티아고에 머무는 며칠 동안 틈날 때마다 성당을 찾아가 많은 사람들에게 성당 내부를 안내하며 설명까지 해 주는 호의를 베풀었다. 많은 사람들이 산티아고 데 콤포스텔라까지 걷는 길Camino만 알았지 성당 내부에 야고보 성인의 유골함이 있다는 사실은 몰랐기에. 대가 없이 누군가에게 호의를 베푸는 것이 그들에게는 큰 힘이 될 수 있다. 이러한 호의와 배려가 릴레이로 전개된다면 모든 순례자들의 마음을 따뜻하게 만들 수 있으리라.

❀ 어머니와의 마지막 이별

나는 일요일만 제외하고 거의 하루도 거르지 않고 어머니에게 안부 전화를 드려왔었다. 어머니는 매일 내 전화를 받았고 통화할 때마다 전화하기 힘든데 매일 전화하지 말라며 마음에 없는 소리를 하곤 했다. 그러다 어쩌다 하루라도 전화를 하지 못하면 다음 날 어김없이 어머니의 건강에 이상이 생길 정도였다. 그만큼 어머니는 나를 의지하며 몹시 자랑스러워했다. 나의 작은누나도 마찬가지였다. 나는 고작 생활비와 용돈 정도만 주면서 생색을 냈지만 누나는 매번 대전에서 익산까지 왕래하면서 어머니를 보살폈으니 그 애로가 오죽했겠는가.

결국 어머니는 누나의 손을 잡고 편안히 하늘나라로 갔다. 끊어질 듯 끊어질 듯 가늘게 뛰던 맥박이 허겁지겁 병원 계단을 뛰어 올라가 "어머니! 나 왔어."하고 손을 꼭 잡아주는 순간 "삐~"하는 기계음과 더불어 숨을 놓았다. 벌써 가셨어야 할 분이 딸이 올 때까지

기다리고 또 기다렸다는 간호사의 말이 가슴을 메이게 만들었다. 그토록 자랑했던 아들은 멀리 서울에 있어 대전까지 오는데 시간이 걸릴 줄 알고 천천히 오라고 배려하면서 딸의 손을 잡고 당신께서 아름답다고 말씀하시던 하늘나라로 가신 것이다.

처음에는 어머니와의 이별을 받아들인 줄 알았다. 그런데도 어머니가 가셨다는 사실을 받아들일 수 없어 한 동안 어머니의 영정 사진을 애써 외면했다. 보려고도 하지 않았다. 사진을 보면 어머니를 떠나보낼 수 없을 것 같았기 때문이었다. 그러다 이제 내 가슴에서 어머니를 하늘로 올려 보내야겠다는 생각이 들었다. 모든 일을 팽개치고 주섬주섬 배낭을 챙기면서 어머니의 영정 사진을 비닐로 싸 배낭 뒤쪽에 반듯하게 넣었다. 몸이 약해 한 번도 가보지 못한 해외여행을 시켜줄 겸 참회의 길, 신앙의 길, 영성의 길인 산티아고 가는 길을 어머니와 함께 걷기로 했다. 프랑스길 800km를 걷고 다시 포르투갈 해안길 280km를 걸었고 파티마의 일부 길을 합쳐 총 1,100km를 동행했다. 어머니와 1천 킬로미터 이상을 동행했으니 어머니의 영혼도 행복할 것이고 나도 어머니를 생각할 때 더는 슬프지 않으리라는 생각이 들었다.

땅끝마을 피스테라Fisterra에서 순례 여정의 피날레를 장식한 뒤 지긋지긋하게 내리던 비가 그쳤다. 이제 어머니의 영정 사진을 하늘나라로 보낼 준비가 되었다. 성모 마리아의 전설이 깃든 아름다

무시아

운 작은 마을 무시아Muxía를 찾아갔다. 전설에 따르면 선교활동에 지친 야고보 사도가 이곳에서 기도를 하고 있을 때 성모 마리아께서 돌로 만든 배를 타고 이곳에 와 그동안의 포교 활동을 치하하고 이제 예루살렘으로 돌아가라고 말했다는 것이다. 무시아 사람들은 이곳의 널따란 돌이 성모 마리아가 타고 온 돌배의 돛이며 그 돛 아래를 지나가면 소원이 이루어진다고 믿기도 한다. 나의 소원과 염원을 담아 그 돌 아래에서 어머니의 영정 사진을 태워 하늘로 올려 보내기로 했다. 우선 사진을 꺼내 어머니께서 아름다운 해안 풍경을 둘러보도록 해 드렸다. 어머니와의 이별을 슬퍼하는 듯 유달리 파도가 높이 몰아쳤다. 바람도 세차게 불었다.

"어머니 이제 갈 준비가 되셨죠? 두 달 동안 어머니와 함께 동행해서 너무 좋았어요. 저보다 먼저 가셔서 그 곳에 계시다가 제가 갈

돛바위

때 저를 마중 나와 주세요. 어머니 사랑해요."

주체할 수 없는 눈물이 줄줄 흘러내렸다. 옆에 있는 사람이 볼까봐 애써 고개를 돌렸지만 흐르는 눈물은 어찌 할 수 없었다. 마음의 준비가 다 된 줄 알았는데 아직도 준비가 되지 않은 것 같았다. 사진을 들고 그냥 산티아고로 돌아가고 싶은 마음까지 들었다. 내가 실컷 울도록 나와 함께 이곳을 찾은 경희 씨도 저만큼 멀리 떨어져 조용히 서 있었다. 산티아고 대성당에 도착하여 어머니를 위한 기도를 했을 때도, 어머니의 모든 죄악을 용서해 달라고 고해성사를 했을 때도 침착했던 나였는데 오늘은 왜 이럴까? 마음을 가다듬기 위해 해안가에 있는 산타마리아 성당 앞에 섰다. 그리고 성모님께 마음의 기도를 드렸다, 여기서 어머니와 이별하고자 하니 천국에서 어머니의 영혼을 받아주실 것을. 마음의 준비를 끝내고 해안

가로 내려가 돛바위 밑으로 사진을 들고 들어갔다. 사진에 불을 붙여 나의 염원을 기도했다. 그렇게 어머니를 내 가슴에서 보내드렸다. 어머니는 행복하게 하늘나라로 갔을까? 아마도 막내아들과 동행했던 나날을 즐거워하며 성모님과 하느님 곁으로 걸어갔을 것이다. 천상의 어머니 마리아께서도 지상의 우리 어머니를 웃으며 반갑게 맞이해 줬으리라.

어머니! 이제부터는 걱정 근심 다 접어버리고 어머니의 행복만을 위해 사세요.

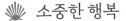 소중한 행복

도시에서 살던 때는 사소한 행복은 행복도 아니었다. 뒷머리를 쇠망치로 맞았을 때처럼 획기적인 즐거움이 찾아들어야만 행복이라고 느꼈다. 그러한 행복이 어디 자주 있을 수 있겠는가. 평생에 한 번 있을까 말까 한데도 그런 행복만을 찾아다녔다. 그러한 생각을 일시에 바꿔 놓는 좋은 계기가 바로 산티아고 순례였다.

차가운 공기가 오감을 움츠러들게 만드는 새벽녘 순례길의 바 bar에 앉아 마시는 따스한 커피 한 잔, 목을 타고 내려가는 커피의 온기는 나를 행복하게 만들었다. 평소에는 사소한 커피로 생각했지만 까미노를 걷는 동안 한 잔의 커피는 추위를 몰아냈고, 한낮의 콜라 한 잔은 갈증을 쫓아내는 생명수와 같았다. 한 잔의 커피, 한 잔의 맥주, 물 한 모금에도 만족하는 시간을 가졌다. 하루의 순례를 마치고 샤워와 빨래를 마쳤을 때 느끼는 만족감, 그것은 행복이었다. 나의 일상에 항상 준비돼 있었기에 하찮게 여겨졌던 것들이 산티아고 순례길에서는 아주 값진 것으로 변모했다. 힘든 여정 중에는 인간의 기본적 욕구만 충족되어도 즐거웠다. 까미노를 걸으며 생각을 참 많이 했다. 하늘나라 어딘가에 계실 어머니를 위해 기도하고 어머니와의 추억을 곱씹으며 사색에 빠져 순례길을 따라 걷는 나는 행복 그 자체였다.

무지개를 잡으면 행복해진다기에 어느 소년이 무지개를 잡으러 집을 나섰다. 손에 잡힐 듯 가까웠던 무지개는 어느덧 사라져 버리고 또 다시 무지개를 잡으러 가까이 다가가면 화창한 햇살만 가득했다. 행복을 찾아 무지개를 잡으러 헤매다 세월을 다 허비해 버린 소년은 늙은 노인이 되었다. '행복은 결코 차지할 수 없구나'하는 생각으로 집으로 돌아온 노인은 값진 세월을 탕진한 것이 후회가 되었다. 그리고 피곤한 몸을 눕힐 방을 찾아 곤한 잠에 떨어졌다. 얼마나 잤을까? 갑자기 몸이 흔들리는 것을 느낀 노인은 눈을 떴다. 그때였다. "이 녀석아! 빨리 일어나 학교에 가야지."하는 어머니의 목소리가 들렸다. 그토록 귀찮던 어머니의 목소리가 그날만큼은 그렇게 감미로운 천상의 울림으로 다가왔다. 아! 꿈이었구나. 소년은 세월을 허비하지 않은데 대해 감사했다. 그리고 후다닥 아침을 먹고 집을 나섰다. 저 멀리 동구 밖에 무지개가 환하게 걸려 있었다. 무지개를 바라 본 소년은 중얼거렸다. "무지개는 가장 가까운 동구 밖에 걸려 있었는데도 다른 곳에서 무지개를 찾으러 세월을 허비했다니 얼마나 어리석은 짓인가! 진정한 행복은 내 주위에 있었던 것을….”

그렇다. 행복은 항상 우리 곁에 있었다. 때로는 귀중한 것으로, 때론 사소한 것으로 우리 주위에 맴돌고 있었는데도 우리는 그것을 행복이라고 느끼지 않았다. 하찮게 여겼던 일들이 진정한 행복이었음을 까미노를 걸으며 새삼 체험할 수 있어 귀중한 시간이었다.

까미노에서 세찬 비바람과 눈보라를 만나기도 했다. 눈보라 속에서 추위와 싸우며 산을 내려오던 일, 대서양의 폭풍우를 온몸으로 맞으며 젖었던 옷을 말려야 했던 경험들. 그래서인지 비나 눈이 오지 않는 화창한 날이면 하늘을 우러러 신께 감사했다. 날씨 하나에도 울고 웃으며 행복해 했던 나는 진정한 마음의 평화를 느끼고 있었다.

만남은 새로운 전기를 만든다. 유쾌한 대화로 분위기를 잡았던 영휠리와의 교감, 까미노의 가족이라는 별칭을 얻을 정도로 지속되었던 은정모녀와의 각별한 우정, 노래로 세계의 순례자들과 소통하던 ‘산티아고 까미노 파라다이스’의 저자 정경석 씨, 가톨릭 신자였던 박광집 안드레아·김재섭 스테파노·이명식 가르미네·이승희 글라라, 불교 승려였던 지인·지영 스님, 강릉에 사는 김수걸 청년, 순례의 막바지에 만났던 예름 씨 부부와 경희 씨, 그 외에도 수없이 만났던 외국인 순례자들! 그들은 나에게는 스승이었고 친구였고 동료였다. 누가 말하지 않아도 서로를 걱정해주고 배려해 줬으며, 온정이 가득 넘치는 행동으로 감동을 준 사람들이었다. 그들이 있어 힘든 여정을 마칠 수 있었으며, 그들이 있어 든든했다. 그 많은 사람들 중에서 그들을 만나 마음을 터놓고 대화를 했으며, 서로의 생각을 이해해주는 마음의 평화를 누렸고, 꿈을 꾸듯 아름다운 동행을 했다. 그 중에서도 가장 큰 마음의 평화를 안겨줬던 것은 어머니와의 동행이었다.

🐚 일상으로의 복귀

까미노를 걷고 난 뒤 몸무게가 무려 14kg이나 빠졌다. 수척해진 몸 상태가 가뿐하기도 했지만 제대로 생활 리듬을 찾을 수가 없었다. 몇 주 동안 꿈속을 헤맨 듯 잠에 빠져 지냈다. 문득 정신을 차려보니 파란 하늘은 온데간데없어졌고 회백색의 콘크리트 도시만이 나를 맞이하고 있었다. 또한 수많은 사람들과의 관계 속에서 상처받고 실망하고 외로움을 느낄 그런 시간들도 나를 기다리고 있었다.

다시 원색적이며 거짓으로 가득 찬 삭막한 도시의 혼잡스러움으로 발을 내디뎠다. 지적인 감성이 넘쳐나는 듯 위장된 도시의 답답함이 숨을 막히게 만든다. 곤두박질치듯 달려가는 속도의 질주 속에 느림의 미학이라고는 어느 곳에서도 찾아보기 어렵다. 차량 행렬과 높다란 빌딩숲에 고립되어 버린 나 자신을 발견하고 다시 산티아고 순례길에 오르고 싶은 충동에 휩싸였다. 까미노는 나만의 속도로, 나만의 의지대로 걸어가면 되는데 이곳에서는 나의 의지보다는 남에 떠밀려 다니는 일이 다반사 아니던가. 순례길 내내 낯선 것과의 동거를 통해 과거의 익숙했던 삶에서 멀어지는 시간을 가질 수 있어 마음이 평화로웠었는데…. 벌써 까미노가 그리워진다.

까미노를 걷고 나면 모든 일이 해결되리라 믿지 않았다. 이미 여러 번 까미노를 걸어봤기에 까미노가 나의 물음에 답을 해 주지 않는다는 사실도 알고 있었다. 해답은 순례의 과정에서 스스로 생각하며 찾아내는 것이다. 순례 중 겪었던 모든 경험들을 회상하며 그 속에서 의미를 찾아가는 여정이 바로 까미노의 신비다. 길이 아름다운 것은 주변의 풍경들 때문이 아니라 그 길에 켜켜이 쌓여진 순례자들의 발자취와 그들의 사연, 그리고 나의 고통이 스며 있어서다.

길을 걷고 또 걸으며 나의 마음을 정리하겠다던 까미노의 결심은 한국에 돌아오자 편안함 속에 다시 파묻혀 버리고 말았다. 또 나태함에 젖어버린 것은 아닐까? 불현듯 그런 생각이 떠올라 육체의 고통을 통해 영혼의 평화를 찾으리라는 나의 생각을 헛된 꿈으로 날려 보내지 않으려 발버둥 쳤다. 어머니를 하늘나라로 올려 보내고 아무렇지 않은 듯 나의 일상은 다시 시작됐다. 산 자의 공간에서 무엇인가 의미 있는 일을 하고 싶어 지금 이 순간에도 하루하루를 공부하며 바쁜 나날을 보내고 있다.

삶은 순례의 한 과정이다. 에스파냐와 포르투갈의 순례길에 꾹 꾹 찍어대던 나의 발자국처럼 아름다운 내 삶의 여정에 새로운 발 자취를 남겨야겠다. 어머니께서 저편 새로운 공간에서 새롭게 시 작하듯 나도 산티아고 순례의 끝에서 다시 새로운 삶의 순례를 시 작해야 하지 않겠는가.

운해를 배경 삼아 지인, 지영 스님과 함께

우리 일행과 물집 전담 주치의 호세와 점심 식사 후에 찰칵

한국 여성과 결혼한 로르까의 바 주인 호세와 더불어

레온에서 글라라 등과 함께

동행

몬떼 도 고소에서 김봉진안드레아 신부님과

친절한 포르투갈 관광안내소 직원과 함께

처음 보는 나에게 점심을 사준 할머니

동행

이탈리아노 3인방과 함께

미국인 필립 젠킨스와 함께

친절한 호텔 지배인 보비아

제대 뒤의 야고보상을 뒤에서 껴안고 기도하는 순례자

동행

산티아고 순례길, 프랑스길Camino Francés과
포르투갈 해안길Camino Português da Costa을 걷다

초판 1쇄 발행일 2019년 10월 31일

지은이 진종구
펴낸이 박영희
편집 박은지
디자인 최소영
마케팅 김유미
인쇄·제본 한양인쇄
펴낸곳 도서출판 어문학사
　　　서울특별시 도봉구 해등로 357 나너울카운티 1층
　　　대표전화: 02-998-0094/편집부1: 02-998-2267, 편집부2: 02-998-2269
　　　홈페이지: www.amhbook.com
　　　트위터: @with_amhbook
　　　페이스북: www.facebook.com/amhbook
　　　블로그: 네이버 http://blog.naver.com/amhbook
　　　　　　다음 http://blog.daum.net/amhbook
　　　e-mail: am@amhbook.com
　　　등록: 2004년 7월 26일 제2009-2호

ISBN 978-89-6184-935-7 03980
정가 17,000원

이 도서의 국립중앙도서관 출판예정도서목록(CIP)은 서지정보유통지원시스템 홈페이지(http://seoji.nl.go.kr)와 국가자료종합목록 구축시스템(http://kolis-net.nl.go.kr)에서 이용하실 수 있습니다. (CIP제어번호 : CIP2019041341)